U0177246

中国水文化遗产图录

风俗礼仪遗产

张晶晶 万金红
张嘉鸣 朱云枫
王瑞平 编著

中国水利水电出版社
www.waterpub.com.cn
·北京·

内 容 提 要

本书是“中国水文化遗产图录”丛书的分册之一，以图文并茂的方式介绍了经过漫长历史发展而形成的以敬水、祭水、镇水、护水、爱水为核心的中国风俗礼仪遗产，包括水神祭祀建筑、人物祭祀建筑、镇水建筑、镇水神兽、水事活动等。

本书适合水文化遗产爱好者阅读，还可作为中等以上院校人文素质教育教材使用，也可供水利史、水文化、遗产保护专业师生以及相关专业的科研工作者使用和参考。

图书在版编目（CIP）数据

风俗礼仪遗产 / 张晶晶等编著. -- 北京 : 中国水利水电出版社, 2022.12
（中国水文化遗产图录）
ISBN 978-7-5226-1178-5

Ⅰ. ①风… Ⅱ. ①张… Ⅲ. ①水－文化遗产－研究－中国 Ⅳ. ①K928.4

中国版本图书馆CIP数据核字(2022)第253776号

书籍设计：李菲　芦博　田雨秾　龚煜

书　名	中国水文化遗产图录　风俗礼仪遗产 ZHONGGUO SHUIWENHUA YICHAN TULU　FENGSU LIYI YICHAN
作　者	张晶晶　万金红　张嘉鸣　朱云枫　王瑞平　编著
出版发行	中国水利水电出版社 (北京市海淀区玉渊潭南路1号D座　100038) 网址: www.waterpub.com.cn E- mail: sales@mwr.gov.cn 电话: (010) 68545888（营销中心）
经　售	北京科水图书销售有限公司 电话: (010) 68545874、63202643 全国各地新华书店和相关出版物销售网点
排　版	北京金五环出版服务有限公司
印　刷	北京天工印刷有限公司
规　格	210mm×285mm　16开本　13 印张　346 千字
版　次	2022年12月第1版　2022年12月第1次印刷
定　价	138.00元

丛书序

中国特有的地理位置、自然环境和农业立国的发展道路决定了水利是中华民族生存和发展的必然选择。早在100多万年前人类起源之际，先人们即基于对水的初步认识，逐水而居，“择丘陵而处之”；4000多年前的大禹治水则掀开中华民族历史的第一页，此后历代各朝都将兴水利、除水害作为治国安邦的头等大事。可以说，水利与中华文明同时起源，并贯穿其发展始终；加上中国疆域辽阔、自然条件千差万别、水资源时空分布不均、区域和民族文化璀璨多样，这使得中国在漫长的识水、用水、护水、赏水和除水害、兴水利的过程中留下数量众多、分布广泛、类型丰富的水文化遗产。这些水文化遗产具有显著的时代性、区域性和民族性，以不同的载体形式、全面系统地体现并见证了中国先人对水资源的认识和开发利用的历程及成就，体现并见证了各历史时期和不同地区的水利与经济、社会、生态、环境、传统文化等方面的关系，以及各历史时期水利在民族融合、边疆稳定、政局稳定和国家统一等方面的重要作用，体现并见证了水资源开发利用在中华民族起源与发展、中华文明发祥与发展中的重要作用与巨大贡献。可以说，它们是中国文化遗产中不可或缺、不可替代的重要组成部分，有的甚至在世界文化遗产中也独树一帜，具有显著的特色。基于此，近年来，随着社会各界对水文化遗产保护、传承与利用的日益重视，水文化遗产逐渐走进人们的视野。

一、水文化遗产的特点与价值

水文化遗产，顾名思义，就是人们承袭下来的与水或治水实践有关的一切有价值的物质遗存，以及某一族群在这一过程中形成的能够世代相传、反映其特殊生活生产方式的传统文化表现形式及其实物和场所，它们是物质形态和非物质形态水文化遗产的总和。水文化遗产具有以下特点。

（一）水文化遗产是复杂的巨系统

水文化遗产是在识水、用水和护水，尤其是除水害、兴水利的水利事业发展过程中逐渐形成的，也是这一过程的有力见证，这使得水文化遗产具有以下三个方面的特点：

其一，中国自然条件千差万别，水资源时空分布不均，加之区域社会经济发展需求各异，这使得水文化遗产具有数量众多、分布广泛和类型丰富等特点，且具有显著的地域性或民族性。

其二，中国是文明古国，也是农业大国，拥有悠久而持续不断的历史，历朝各代都把除水害、兴水利作为治国理政的头等大事，这使得中国水利事业始终在持续发展，水利工程技术在持续演进，从而使水文化遗产不断形成与发展，并具有显著的时代性。

其三，中国水利建设是个巨系统，它不单单涉及水利工程技术问题，还与流域或区域的经济、社会、环境、生态、景观等领域密切相关，与国家统一与稳定、边疆巩固、民族融合等因素密切相关，同时在中华民族与文明的起源、发展与壮大方面发挥着重要作用。这一特点决定了水文化遗产是个开放的系统，除了在水利建设过程中不断形成的水利工程遗产外，还包括水利与其他领域和行业相互作用融合而形成的非工程类水文化遗产，从而逐渐形成几乎涵盖各个领域、包括各种类型的遗产体系。

总而言之，中国水利事业发展的这三个特点决定了水文化遗产具有类型极其丰富的特点，不仅包括灌溉工程、防洪工程、运河工程、城市供排水工程、景观水利工程、水土保持工程、水电工程等水利工程类遗产，以及与水或治水有关的古遗址、古建筑、治水人物墓葬、石刻、壁画、近代现代重要史迹和代表性建筑等非工程类不可移动的物质文化遗产；包括不同历史时期形成的与水或治水有关的文献、美术品和工艺品、实物等可移动的物质文化遗产；还包括与水或治水有关的口头传统和表述、表演艺术、传统河工技术与工艺、知识和实践、社会风俗礼仪与节庆等非物质文化遗产。

（二）水文化遗产是动态演化的系统，是“活着的”“在用的”遗产

水文化遗产尤其是“在用的”水利工程遗产，其形成与发展主要取决于特定时期和地区的自然地理和水文水资源条件、生产力和科学技术发展水平，服务于当地经济社会发展的需求，这使得它既具有一定的稳定性，又具有动态演化的特点。在持续的运行过程中，随着上述条件或需求的变化，以及新情况、新问题的出现，许多工程都进行过维修、扩建或改建，有的甚至功能也发生了变化。因此，该类遗产往往由不同历史时期的建设痕迹相互叠加而成，并延续至今。如拥有千年历史的灌溉工程遗产郑国渠，其取水口位置随着自然条件的变化而多次改移，秦代郑国首开渠口，西汉白公再开，宋代开丰利渠口，元代开王御史渠口，明代开广济渠口，清代再开龙洞渠口，最后至民国时期改移至泾惠渠取水口。这是由于随着泾水河床的不断下切，郑国渠取水口位置逐渐向上游移动，引水渠道也随之越来越长，最后伸进山谷之中，不得不在坚硬的岩石上凿渠，从而形成不同的取水口遗产点。有些“在用的”水利工程遗产，随着所在区域经济社会发展需求的变化，其功能也逐渐发生相应的转变。如灵渠开凿之初主要用于航运，目前则主要用于灌溉。

在漫长的水利事业发展历程中，水文化遗产的体系日渐完备，规模日益庞大，类型日益丰富。其中，有些水利工程遗产拥有数百年甚至上千年的历史，至今仍在发挥防洪、灌溉、航运、供排水、水土保持等功能，如黄河大堤、郑国渠、宁夏古灌区、大运河、哈尼梯田等。这一事实表明，它们是尊重自然规律的产物，是人水共生的工程，是“活着的”“在用的”遗产，不仅承载着先人治水的历史信息，而且将为当前和今后水利事业的可持续和高质量发展提供基础支撑。这是水利工程遗产不同于一般意义上文化遗产的重要特点之一。

（三）水文化遗产具有较高的生态与景观价值

水文化遗产尤其是水利工程遗产不像一般意义上的文化遗产如古建筑、壁画等那样设计精美、工艺精湛，因而长期以来较少作为文化遗产走进公众的视野。然而，近年来，随着社会各界对它们的进一步了解，其作为文化遗产的价值逐渐被认知。

首先，水文化遗产与一般意义上的文化遗产一样，具有历史、科学、艺术价值；其次，它们中的“在用”水利工程遗产还具有较高的生态和景观价值。在科学保护的基础上，对它们加以合理和适度的利用，将为当前和今后河湖生态保护与恢复、“幸福河”的建设等提供文化资源的支撑。这主要体现在以下两个方面：

一方面，依托水体形成的水文化遗产，尤其是那些拥有数百上千年历史的在用类水利工程遗产，不仅可以发挥防洪排涝、灌溉、航运、输水等水利功能，而且可以在确保上述功能的基础上，充分利用其尊重河流自然规律、人水和谐共生的设计理念和工程布局、结构特点，服务于所在地区生态和环境的改善、“流动的”水景观的营造，进而提升其人居环境和游憩场所的品质。这是它有别于其他文化遗产的重要价值之一。

另一方面，作为文化遗产的重要组成部分，水文化遗产是不可替代的，且具有显著的区域特点和行业特

点。在当前水景观蓬勃发展却又高度趋同的背景下，以水文化遗产为载体或基于其文化遗产特性而建设水景观，不仅可有效避免景观风格与设计元素趋同的尴尬局面，而且可赋予该景观以灵魂和生命力；依托价值重大的水利工程遗产营建的水景观还可以脱颖而出，独树一帜，甚至撼人心灵。

二、水文化遗产体系的构成与分类

作为与水或治水有关的庞大文化遗产体系，水文化遗产可根据其与水或治水的关联度分为以下三大部分：一是因河湖水系本体以及直接作用于其上的人类活动而形成的遗产，这主要包括两大类，一类是因河湖水系本体而形成的古河道、古湖泊等；另一类是直接作用于河湖水系的各类遗产，其中又以治水过程中直接建在河湖水系上的水利工程遗产最具代表性。二是虽非直接作用于河湖水系但是在治水过程中形成的文化遗产，即除了水利工程遗产以外的其他因治水而形成的文化遗产。三是因河湖水系本体而间接形成的文化遗产，即前两部分遗产以外的其他文化遗产。在这三部分遗产中，前两部分是河湖水系特性及其历史变迁的有力见证，也是治水对政治、经济、社会、生态、环境、景观、传统文化等领域影响的有力见证，因而是水文化遗产的核心和特征构成。在这两部分遗产中，又以第一部分中的水利工程遗产最能展现河湖水系的特性及其变迁、治理历史，因而是水文化遗产的核心和特征构成。

鉴于此，基于国际和国内遗产的分类体系，考虑到水利工程遗产是水文化遗产特征构成的特点，拟将水利工程遗产单独列为一类。据此，水文化遗产首先分为工程类水文化遗产和非工程类水文化遗产两大类。其中，非工程类水文化遗产可根据中国文化遗产的分类体系，分为物质形态的水文化遗产和非物质形态的水文化遗产两类。物质形态的水文化遗产又细分为不可移动的水文化遗产和可移动的水文化遗产。

（一）工程类水文化遗产

工程类水文化遗产指为除水害、兴水利而修建的各类水利工程及相关设施。按功能可分为灌溉工程、防洪工程、运河工程、城乡供排水工程、水土保持工程、景观水利工程和水力发电工程等遗产。另外，工程遗产所依托的河湖水系也可作为工程遗产纳入其中，即河道遗产。这些工程类水文化遗产从不同的角度支撑着不同时期的水资源开发利用和水灾害防治，是水利事业发展历程及其工程技术成就的实证，也是水利与区域经济、社会、环境、生态相关关系的有力见证，是水利对中华民族、中华文明形成发展具有重大贡献的最直接见证。它主要包括以下几类：

（1）灌溉工程遗产。指为确保农田旱涝保收、稳产高产而修建的灌溉排水工程及相关设施。作为农业古国和农业大国，中国的灌溉工程起源久远、类型多样、内容丰富，它们不仅是农业稳产高产、区域经济发展的基础支撑，而且在民族融合和边疆稳定等方面发挥着重要作用，也为中国统一的多民族国家的形成与发展提供了坚实的经济基础。如战国末年郑国渠和都江堰的建设，不仅使关中地区成为中国第一个基本经济区，使成都平原成为“天府之国”，而且使秦国的国力大为增强，充足的粮饷保证了前线军队供应，秦国最终得以灭六国、统一天下，建立起中国历史上第一个统一的、多民族的、中央集权制国家——秦朝。在此后的2000多年里，尽管多次出现分裂割据的局面，但大一统始终是中国历史发展的主流。秦朝建立后，国祚虽短，但它设立郡县制，统一文字、货币和度量衡，统一车轨和堤距等举措，对后世大一统国家的治理产生了深远的影响。秦末，发达的灌溉工程体系和富庶的关中地区同样给予刘邦巨大帮助，刘邦最终战胜项羽，再次建立大一统的国家，并使其进入中国古代社会发展的第一个高峰。

自秦汉时期开始，历代各朝都在西部边疆地区实施屯垦戍边政策，如在黄河流域的青海、宁夏和内蒙古河套地区开渠灌田，这不仅促进了边疆地区经济的发展，而且巩固了边疆的稳定、推动了多民族的融合。这一过程中，黄河文化融合了不同区域和民族的文化，形成以它为主干的多元统一的文化体系，并在对外交流中不断汲取其他文化，扩大自身影响力，从而形成开放包容的民族性格。

由于地形和气候多种多样、水资源分布各具特点，不同流域和地区的灌溉工程规模不同、型式各异。以黄河为例，其上游拥有众多大型古灌区，如河湟灌区、宁夏古灌区、河套古灌区等；中游拥有大型引水灌渠如郑国渠、洛惠渠、红旗渠等，拥有泉灌工程如晋祠泉、霍泉等；下游则拥有引洛引黄等灌渠。

（2）防洪工程遗产。指为防治洪水或利用洪水资源而修建的工程及相关设施。治河防洪是中国古代水利事业中最为突出的内容，集中体现了中华民族与洪水搏斗的波澜壮阔、惊心动魄的历程，以及这一历程中中华民族自强不息精神的塑造。

公元前21世纪，发生特大洪水，给人们带来深重的灾难，大禹率领各部族展开大规模的治水活动。大禹因治水成功而受到人们的拥戴，成为部落联盟首领，并废除禅让制，传位于其子启，启建立起中国历史上第一个王朝——夏朝，中国最早的国家诞生。在大禹治水后的数千年间，大江大河尤其是黄河频繁地决口、改道，每一次大的改道往往会给下游地区带来深重的甚至是毁灭性的灾难；长江的洪水灾害也频繁发生。于是中华民族的先人们与洪水展开了一次又一次的殊死搏斗。可以说，从传说时代的大禹治水，到先秦时期的江河堤防的初步修建，到西汉时期汉武帝瓠子堵口，明代潘季驯的“束水攻沙”“蓄清刷黄”，清代康熙帝将“河务、漕运”书于宫中柱上等，中华民族在与江河洪水的搏斗中发展壮大，其间充满了艰辛困苦，付出了巨大牺牲，同时涌现出众多伟大的创造，并孕育出艰苦奋斗、自强不息、无私奉献、百折不挠、勇于担当、敢于战斗、富于创新等精神。这是中华民族的宝贵精神，值得一代代传承与弘扬。

与洪水抗争的漫长历程中，历代各朝逐渐产生形成丰富多彩的治河思想，建成规模宏大、配套完善的江河和城市防洪工程，不断创造出领先时代的工程技术等。在江河防洪工程中，堤防是最主要的手段，自其产生以来，历代兴筑不已，规模越来越大，几乎遍及中国的各大江河水系，形成如黄河大堤、长江大堤、永定河大堤、淮河大堤、珠江大堤、辽河大堤和海塘等堤防工程，并创造了丰富的建设经验，形成完整的堤防制度。

（3）运河工程遗产。指为发展水上运输而开挖的人工河道，以及为维持运河正常运行而修建的水利工程与相关设施。早在2500年前，中国已有发达的水运交通，此后陆续开凿了沟通长江与淮河水系的邗沟、沟通黄河与淮河水系的鸿沟、沟通长江与珠江水系的灵渠，以及纵贯南北的大运河等人工运河。这些人工运河尤其是中国大运河不仅在政治、经济、文化交流及宗教传播等方面发挥着重要作用，而且沟通了中国的政治中心和经济中心，是中国大一统思想与观念的印证；此外，它们还是连接海上丝绸之路与陆上丝绸之路的纽带，在今天的“一带一路”倡议中仍然发挥着重要作用。

在漫长的运河开凿历程中，中国创造出世界上里程最长、规模最大的人工运河；不仅开凿了纵横交错的平原水运网，而且创造出世界运河史上的奇迹——翻山运河；不仅具有在清水条件下通航的丰富经验，而且创造出在多沙水源的运渠中通航的奇迹。

（4）城乡供排水工程遗产。指为供给城乡生活、生产用水和排除区域积水、污水而修建的工程及相关设施。城市的建设规模、空间布局、建筑风格和发展水平往往取决于所在地区的水系分布，独特的水系分布往往赋予城市独特的空间分布特点。如秦都咸阳地跨渭河两岸，渭河上建跨河大桥，整座城市呈现“渭水贯都以象天汉，横桥南渡以法牵牛”的空间布局；宋代开封城有汴河、蔡河、五丈河、金水河等四河环绕或穿城而过，呈现“四水贯都”的空间布局，并成为当时最为繁盛的水运枢纽；山东济南泉源众多，形态各异，出而汇为河流湖泊，因称“泉城”。早期的聚落遗址、都城遗址中都发现有领先当时水平的排水系统。如二里头遗址发现木结构排水暗沟、偃师商城遗址中发现石砌排水暗沟、阿房宫遗址有三孔圆形陶土排水管道；汉长安城则有目前中国最早的砖砌排水暗沟，它在排水管道建筑结构方面具有重大突破。

（5）水土保持工程遗产。指为防治水土流失，保护、改善和合理利用山区、丘陵区水土资源而修建的工程及相关设施。水土保持工程遗产是人们艰难探索水土流失防治历程的有力见证，它主要体现在两个方面：一是工程措施，主要包括水利工程和农田工程，前者主要包括山间蓄水陂塘、拦沙滞沙低坝、引洪淤灌工程等；后者主要包括梯田和区田等。另一类是生物措施，主要是植树造林。

（6）景观水利工程遗产。指为营建各类水景观而修建的水利工程及相关设施。通过恰当的工程措施，与自然山水相融合，将山水之乐融于城市，这是中国古代城镇规划、设计与营建的主要特点。对自然山水的认识和利用，往往影响着一个城镇的特点和气质神韵。古代著名的城镇尤其是古都所在地，大多依托山脉河流规划、设计其城市布局，并辅以一定的水利工程，建设城市水景观，用来构成气势恢宏、风景优美的皇家园林、离宫别苑。如汉唐长安城依托渭、泾、沣、涝、潏、滈、浐、灞八条河流，在城市内外都建有皇家苑囿，形成“八水绕长安”的景观，其中以城南的上林苑最为知名；元明清时期的北京，依托北京西郊的泉源，逐渐建成闻名世界的皇家园林，尤其是三山五园。

（7）水力发电工程遗产。指为将水能转换成电能而修建的工程及相关设施。该类遗产出现的较晚，直至近代才逐渐形成发展。如云南石龙坝水电站、西藏夺底沟水电站等。

（8）河道遗产。指河湖水系形成与变迁过程中留下的古河道、古湖泊、古河口和决口遗址等遗迹，如三江并流、明清黄河故道、罗布泊遗址、铜瓦厢决口等。

（二）非工程类水文化遗产

1.物质形态的水文化遗产

物质形态的水文化遗产指那些看得见、摸得着，具有具体形态的水文化遗产，又可分为不可移动的水文化遗产和可移动的水文化遗产。

（1）不可移动的水文化遗产。不可移动的水文化遗产可分为以下六类：

其一，古遗址。指古代人们在治水活动中留有文化遗存的处所，如新石器时代早期城市的排水系统遗址、山东济宁明清时期的河道总督部院衙署遗址等。

其二，治水名人墓葬。指为纪念治水名人而修建的坟墓，如山西浑源县纪念清道光年间的河东河道总督栗毓美的坟墓、陕西纪念近代治水专家李仪祉的陵园等。

其三，古建筑。指与水或治水实践有关的古建筑。该类遗产中，有的因水利管理而形成，有的是水崇拜的产物，而水崇拜则是水利管理向社会的延伸。因此，它们是水利管理的有力见证，以下三类较具代表性：一是水利管理机构遗产，即古代各级水行政主管部门衙署，以及水利工程建设和运行期间修建的建筑物及相关设施，如江苏淮安江南河道总督部院衙署（今清晏园）、河南武陟嘉应观、河北保定清河道署等。二是水利纪念建筑遗产，即用来纪念、瞻仰和凭吊治水名人名事的特殊建筑或构筑物，如淮安陈潘二公祠、黄河水利博物馆旧址等。三是水崇拜建筑遗产，即古代为求风调雨顺和河清海晏修建的庙观塔寺楼阁等建筑或构筑物，如河南济源济渎庙等。

其四，石刻。指镌刻有与水或治水实践有关文字、图案的碑碣、雕像或摩崖石刻等。该类遗产主要包括以下四类：一是历代刻有治水、管水、颂功或经典治水文章等内容的石碑。二是各种镇水神兽，如湖北荆江大堤铁牛、山西永济蒲州渡唐代铁牛、大运河沿线的趴蝮等。三是治水人物的雕像，如山东嘉祥县武氏祠中的大禹汉画像石等。四是摩崖石刻，如重庆白鹤梁枯水题刻群、长江和黄河沿线的洪水题刻等。

其五，壁画。指人们在墙壁上绘制的有关河流水系或治水实践的图画。如甘肃敦煌莫高窟中，绘有大量展现河西走廊古代水井等水利工程、风雨雷电等自然神的壁画。

其六，近现代重要史迹和代表性建筑。主要指与治水历史事件或治水人物有关的以及具有纪念和教育意义、史料价值的近现代重要史迹、代表性建筑。该类遗产主要包括以下三类：一是红色水文化遗产，如江西瑞金红井、陕西延安幸福渠、河南开封国共黄河归故谈判遗址等。二是近代水利工程遗产，如关中八惠、河南郑州黄河花园口决堤遗址等。三是近代非工程类水文化遗产，如江苏无锡汪胡桢故居、陕西李仪祉陵园、天津华北水利委员会旧址等近代水利建筑。

（2）可移动的水文化遗产。可移动水文化遗产是相对于固定的不可移动的水文化遗产而言的，它们既可伴随原生地而存在，也可从原生地搬运到他处，但其价值不会因此而丧失，该类遗产可分为三类。

其一，水利文献。指记录河湖水系变迁与治理历史的各类资料，主要包括图书、档案、名人手迹、票据、宣传品、碑帖拓本和音像制品等。其中，以图书和档案最具代表性，也最有特色。图书是指1949年前刻印出版的，以传播为目的，贮存江河水利信息的实物。它们是水利文献的主要构成形式，包括各种写本、印本、稿本和钞本等。档案是在治水过程中积累而成的各种形式的、具有保存价值的原始记录，其中以河湖水系、水利工程和水旱灾害档案最具特色。这些档案构成了包括大江大河干支流水系的变迁及其水文水资源状况，水利工程的规划设计、施工、管理和运行情况，流域或区域水旱灾害等内容的时序长达2000多年的数据序列，其载体主要包括历代诏谕、文告、题本、奏折、舆图、文据、书札等。这些档案不仅是珍贵的遗产，而且是有关“在用”水利工程遗产进行维修和管理不可或缺的资料支撑，也是未来有关河段或地区进行规划编制、治理方略制定的历史依据。

其二，涉水艺术品与工艺美术品。指各历史时期以水或治水为主题创作的艺术品和工艺美术品。艺术品大多具有审美性，且具有唯一性或不可复制性等特点，如绘画、书法和雕刻等。宋代画家张择端所绘《清明上河图》，直观展示了宋代都城汴梁城内汴河的河流水文特性、护岸工程、船只过桥及两岸的繁华景象等内容；明代画家陈洪绶所绘《黄流巨津》则以一个黄河渡口为切入点，形象地描绘了黄河水的雄浑气势；北京故宫博物院现藏大禹治水玉山，栩栩如生地表现出大禹凿龙门等施工场景。工艺美术品以实用性为主，兼顾审美性，且不再强调唯一性，如含有黄河水元素的陶器、瓷器、玉器、铜器等器物。陕西半坡遗址中出土的小口尖底瓶，既是陶质器物，也是半坡人创制的最早的尖底汲水容器。

其三，涉水实物。指反映各历史时期、各民族治黄实践过程中有关社会制度、生产生活方式的代表性实物。它主要包括六类：一是传统提水机具和水力机械，又可分为以下三种：利用各种机械原理设计的可以省力的提水机具，如辘轳、桔槔、翻车等；利用水能提水的机具，如水转翻车、筒车等；将水能转化为机械能用来进行农产品加工和手工作业的水力机械，如水碾、水磨、水碓等。二是治水过程中所用的各种器具，如木夯、石夯、石硪、水志桩，以及羊皮筏子等。三是治水过程中所用的传统河工构件，如埽工、柳石枕等。四是近代水利科研仪器、设施设备等，如水尺、水准仪、流速仪等。五是著名治水人物及重大水利工程建设过程中所用的生活用品。六是不可移动水利文化遗产损毁后的剩余残存物等。

2.非物质形态的水文化遗产

非物质形态的水文化遗产是指某一族群在识水、治水、护水、赏水等过程中形成的能够世代相传、反映其特殊生活生产方式的传统文化表现形式及其相关的实物和场所。

（1）口头传统和表述。指产生并流传于民间社会，最能反映其情感和审美情趣的与治水、护水等内容有关的文学作品。它主要分为散文体和韵文体民间文学，前者主要包括神话、传说、故事、寓言等，如夸父逐日和精卫填海神话、江河湖海之神的设置、大禹治水传说等；后者主要包括诗词、歌谣、谚语等。

（2）表演艺术。指通过表演完成的与水旱灾害、治水等内容有关的艺术形式，主要包括说唱、戏剧、歌舞、音乐和杂技等。如京剧《西门豹》《泗州》等，民间音乐如黄河号子、夯硪号子、船工号子等。

（3）传统河工技术与工艺。指产生并流传于各流域或各地区，反映并高度体现其治河水平的河工技术与工艺。它们大多具有因地制宜的特点，有的沿用至今，如黄河流域的双重堤防系统、埽工、柳石枕、黄河水车；岷江的竹笼、杩槎等。

（4）知识和实践。指在治水实践和日常生活中积累起来的与水或治水有关的各类知识的总和，如古代对黄河泥沙运行规律的认识，古代对水循环的认识，古代报汛制度等知识和实践。

（5）社会风俗、礼仪、节庆。指在治水实践和日常生活中形成并世代传承的民俗生活、岁时活动、节日庆典、传统仪式及其他习俗，如四川都江堰放水节、云南傣族泼水节等。

三、本丛书的结构安排

本丛书拟系统介绍从全国范围内遴选出的各类水文化遗产的历史沿革、遗产概况、综合价值和保护现状等，以向读者展现其悠久的历史、富有创新的工程技术和深厚的文化底蕴，在系统了解各类现存水文化遗产的基础上，了解中国水利发展历程及其科技成就和历史地位，了解水利与社会、经济、环境、生态和景观的关系，感受水利对区域文化的强大衍生作用，了解水利对中华民族和文明形成、发展和壮大的重要作用，从而提高其对水文化遗产价值的认知，并自觉参与到水文化遗产的保护工作中，使这些不可再生的遗产资源得以有效保护和持续利用。

本丛书共分为6册，为方便叙述，按以下内容进行分类撰写：

《水利工程遗产（上）》主要介绍灌溉工程遗产与防洪工程遗产。

《水利工程遗产（中）》主要介绍以大运河为主的运河工程遗产。

《水利工程遗产（下）》主要介绍水力发电工程遗产、供水工程遗产、水土保持工程遗产、水利景观工程遗产、水利机械和水利技术等。

《文学艺术遗产》主要介绍与水或治水有关的神话、传说、水神、诗歌、散文、游记、楹联、传统音乐、戏曲、绘画、书法和器物等。

《管理纪事遗产》主要介绍水利管理与纪念建筑、水利碑刻、法规制度和特色水利文献等。

《风俗礼仪遗产》主要介绍水神祭祀建筑、人物祭祀建筑、历代镇水建筑、镇水神兽和水事活动等。

本丛书从选题策划、项目申请，再到编撰组织、图片收集、专家审核等历经5年之久，其中经历多次大改、反复调整。在这漫长的编写过程中，得到了中国水利水电科学研究院、华北水利水电大学、中国水利水电出版社等单位在编撰组织、图书出版方面的大力支持，多位专家在水文化遗产分类与丛书框架结构方面提供了宝贵建议，在此一并表示真挚的感谢。

同时还要感谢水利部精神文明建设指导委员会办公室、陕西省水利厅机关党委、江苏省水利厅河道管理局在丛书资料图片收集工作中给予的大力帮助；感谢多位摄影师不辞辛劳地完成专题拍摄，也感谢那些引用其图片、虽注明出处但未能取得联系的摄影师。

期望本丛书的出版，能够为中国水文化遗产保护与传承、进而助力中华优秀传统文化的研究与发扬做出独特贡献，同时也期待广大读者朋友多提宝贵意见，共同提升丛书质量，推动水文化广泛传播。

丛书编写组

2022年10月

前言

人类历史上的几大文明都诞生在大河流域，如两河流域的古巴比伦文明、尼罗河流域的古埃及文明、黄河及长江流域的中华文明、恒河流域的古印度文明。从某种意义上说是水孕育了文明，不同的文明都体现着孕育它的大江大河的特色。从传说中的女娲补天、精卫填海到大禹治水，再到《论语》中“知（智）者乐水，仁者乐山”人水和谐的表达，中华文明一路走来都与水密不可分。从都江堰、郑国渠、灵渠、芍陂、邗沟、隋唐大运河、它（tuō）山堰、京杭大运河，再到我们今天的三峡工程、南水北调工程，都是代表中华文明的重要符号。人们为了纪念治水人物与水利工程，修建了很多祭祀建筑，例如，仅山西省长治市平顺县就有6座“大禹庙”，其中有3座列入全国重点文物保护单位。《中国禹迹图（2022）》共记录了全国26个省（自治区、直辖市）323个禹迹点。禹风浩荡，遍行天下。妈祖，作为中国最具影响力的航海保护神，是妈祖信俗文化的核心。妈祖宗庙名称还包括天妃宫、天后宫、朝天宫等。海内外华人祭祀妈祖，根本的目的是为了不忘记祖先，不忘记根本，而影响所及，妈祖由航海关系而演变为“海神”“护航女神”等，成为中国海洋文化史中最重要的民间信仰崇拜神之一。无论是神话中的水神、传说中的治水名人、历史上的治水名人，后人为表感恩、寄望而为其建庙立碑、修建陵墓并形成典礼、民俗予以纪念，形成礼仪风俗或其载体，成为了中华文明的重要组成部分，传承着中华民族优秀的品质。

在中国古代历史上，除了对治水神仙、英雄或名人拜祭、纪念外，还会对“神兽”寄托风调雨顺、免除水旱灾害的期望和祈求。龙是我国古代传说中的神异动物，能兴云降雨。历史上人们建造了很多龙王庙进行祭祀，祈求风调雨顺，幸福安康。除了龙王庙，各地还习惯用石犀、趴蝮、石牛、铁牛、铜牛、石虎、铜犴等来镇水。在洪水多发或生产生活关键地区人们修建了很多镇水建筑，如九江锁江楼、淮安镇淮楼、孟州锁水阁、海宁安澜石塔等，以期望这些宏伟高大的楼、塔、阁、亭能够镇压当地水患。这些镇水神仙、人物、神兽、建筑如今都已经成为中华民族与水既有相互斗争，又有和谐共生的历史见证，更是中华民族的重要历史文化遗产。

本书撰写分工如下，张晶晶负责第1章，张嘉鸣负责第2~4章，王瑞平负责第5章及全书统稿。万金红撰写了第1章中的1.1.1和1.1.3部分内容，朱云枫撰写了第4章的4.1~4.6部分内容。在编撰过程中，王英华老师予以了大力支持和帮助，中国水利水电出版社李亮主任和丛艳姿编审做了大量全面细致的审稿工作，我们也参考了许多学者的研究成果，在此一并表示感谢！

在中华大地上，水文化遗产分布广泛而且数量众多，本书主要收集列入省（自治区、直辖市）级以上的文物保护单位或文化遗产。由于笔者视野所限，重要的遗迹遗漏在所难免。文中不妥之处敬请各位读者及同仁指正。

编者

2022年10月

目录

會安橋

1
水神祭祀建筑

1.1 祭祀用的庙

1.1.1 祭祀江河湖海的庙

1.1.1.1 桐柏淮渎庙

桐柏淮渎庙现为中国淮河源民俗博物馆、淮河源文化陈列馆，庙中祭淮渎碑于2006年11月入选河南省第一批省级文物保护单位。

桐柏县是古四渎之一—— 淮河的发源地。淮渎庙位于河南省南阳市桐柏县城东关，建于东汉延熹六年（163年），原址在县城西南15公里。北宋大中祥符七年（1014年）迁至现址，明清皆有增补修葺。庙占地百余亩，三进庙院，房屋殿宇共有房子526间。山门前立有扇形墙一道，左右分踞宋代镇水神兽4只，石狮一对。入山门第一进院内，长“楸包桐”“桐包柏”连理树两株，大殿前有制作精美的元代铁狮一对。二进院为中殿，汉白玉铺地，山水神像环列四周，两旁竖立石碑两通。第三进院系大殿，画栋雕梁，金身淮渎神像置于殿内。殿前有焚香铁鼎一座。自山门至大殿，皆卵石铺路，两旁护以石雕栏杆。东西两侧立大小石碑百余通，记载着历代祭淮、修庙等活动。自汉至清末，历代朝廷曾派朝臣前来祭淮50余次。庙内文物除历代祭祀渎神、增修庙宇的碑记外，还有北宋庆历三年（1043年）铸造的一对铁华表；元天历二年（1329年）铸造的一对铁狮子，是元代冶铸精品之一；还有宋代雕造的3个镇水石兽。

重建后的桐柏淮渎庙

民国十六年（1927年），时任河南省主席的冯玉祥下令扒庙赶神，兴办学校，淮渎庙香火自此断绝。“文化大革命”期间，淮渎庙惨遭破坏，旧址上的碑碣石兽几尽毁灭。为了更好展示淮河文化，1998—2003年间政府分步对淮渎庙进行了重建。

两千多年来淮渎庙几经兴衰，今虽庙宇倾废，但那三株汉峙虬柏、高出地面3米的殿基、正殿红墙、麻石雕栏、宋代铁柱、明洪武御碑和那高大的旗座、断续的围墙、山门石阶、尚留着庙貌的痕迹。它记载着我国劳动人民对历史的创造精神，为华夏文明史增添了光辉的篇章。

淮渎庙《重建淮渎庙记》石碑

1.1.1.2　济源济渎庙

济渎庙，全称济渎北海庙，位于河南省济源市西北2公里济水东庙街村。济渎庙始建于隋，是古四渎中唯一一处保存最完整、规模最宏大的历史文化遗产，是中国历史上祭祀水神现存的最大庙宇，也是河南省现存最大的一处古建筑群落，被誉为中原古代建筑的“博物馆”。济渎庙于1996年11月入选第四批全国重点文物保护单位。

济渎庙坐北朝南，总体布局呈“甲”字形，总面积86255平方米，现存古建筑36座72间，占地10万余平方米。现存建筑，在中轴线上有清源洞府门（山门）、清源门、渊德门、寝宫、临渊门、龙亭、灵源阁等；两侧有御香殿、接官楼、玉皇殿和长生阁等。清源洞府门系三间四柱挑山造木牌楼，为河南省文物价值最高的古建筑。主体建筑排列在三条纵轴线上，前为济渎庙，后为北海祠，东有御香院，西有天庆宫。寝宫建于宋开宝六年（973年），面阔五间，进深三间，单檐歇山造，屋坡平缓，斗拱雄巨疏朗，檐柱粗矮，是河南省现存最古老的木结构建筑。临渊门北的济渎池（又名小北海、龙池）和珍珠泉共为济水东源。其处石勾栏为中国保存唯一最为完整的宋代石栏杆。1964年以来对济渎寝宫、清源洞府门等先后进行修葺。

济源济渎庙（杨其格 摄）

大明诏旨碑刻立于明洪武三年（1370年），通高5.5米，宽1.7米。碑文是明太祖朱元璋称帝后为了统一名山大川、各地城隍及历代忠臣烈士的神号而颁布的圣旨，字体工整，遒劲有力，此碑为研究明朝初期的政治经济文化和礼仪制度提供了重要资料。

济源济渎庙甬道（杨其格 摄）

济渎庙内现存木结构古建筑始自北宋，历元明而迄于清，绵延千年而不绝。其本身就是一座中国古建艺术博物馆，既有北方建筑粗犷豪放的恢弘大气，又包容了江南园林精雕细琢的幽微匠心。

济源济渎庙清源门（杨其格 摄）

济源济渎庙玉皇殿（杨其格 摄）

济源济渎庙灵渊阁（杨其格 摄）

封神祭祀是历代天子之礼，自汉代起，朝廷每年派遣重要官员定期致祭，渐成礼仪定制。隋开皇二年（582年）朝廷为祭祀“四渎”神之一的济渎神而建庙。隋朝统治者吸取前朝的经验和教训，逐步完善各种政治纲领，完善祭祀制度，兴修水利。隋开皇十六年（596年），是济渎庙最为辉煌的时期，济渎庙也有了祭祀济水的最为规范的程序。由朝廷拨款，设立济源县（今济源市）并开始加固济源城池的工作，更是将济源县和济渎庙提到了一个更高的历史地位。

自隋起，历代皇帝遣使莅临，举行盛大祭典活动。唐宋时期，但凡国之大事，如战争、政权更迭、祈雨甚至皇室成员的生死都要向济水神、北海神祭告。民间的祭祀活动更是持续不断，对祭祀活动推波助澜，一直延续到清代，祭祀未断，庙貌不衰。

古时济水，与长江、黄河、淮河并称“四渎”。济水原称北渎大济之神，唐玄宗天宝三年（744年）晋封为清源公，因此济渎庙又名清源祠。唐贞元十二年（796年），鉴于北海远在大漠之北，艰于祭祀，故在济渎庙后增建北海祠。宋徽宗宣和七年（1125年），济渎神被封为清源忠护王，北海神被封为北广泽王。

目前，济渎庙作为济源市独具特色的水崇拜建筑，正以其深厚的内涵向公众展示济水的文化与历史。

济源济渎庙长生阁（杨其格 摄）

济源济渎庙龙亭（杨其格 摄）

济源济渎庙寝宫（杨其格 摄）

江渎庙又名杨泗庙，原址在湖北省宜昌市秭归县新滩南岸桂林村。据考证，至少在北宋年间就有了江渎庙，复建江渎庙建于大清同治四年（1865年）寅丑秋月。2006年5月，复建后秭归江渎庙入选第六批全国重点文物保护单位。

秭归江渎庙正厅（税晓洁 摄）

江渎庙内神像（税晓洁 摄）

江渎庙为木结构建筑，平面布局呈四合院式，门厅前有一个小院，另有正厅、厢房、偏房和天井。厢房内设有楼，厢房外有廊桥。江渎庙的屋顶为硬山式，盖以小青瓦，但瓦头则用白灰堆塑成四叶花瓣，卷草花纹滴水为土坯烧制，山花上堆塑以游龙为主的如意云纹，大有腾云驾雾倒海翻江之威猛。

青石铺设的天井，给人以江渎庙昔日繁忙和辉煌的印象。环天井的厅房各3门6扇，高达3米，可拆卸，以扩大天井的“容量”。二楼居高临下，游人可穿行于廊桥间。门楣和窗棂，可雕可绘的地方，无所不雕，无所不绘，图案或朴拙或细腻，或花或草或鸟或兽，皆栩栩如生。

宋代陆游曾留有《江渎庙纳凉》诗：“雨过荒地藻荇香，明月如水浸胡床。天空作意怜饥客，乞与今年一夏凉。”又有《感旧绝句》：“半红半白官池莲，半醒半醉女郎船。”直到清代，江渎庙前上莲池仍名实相副，池内莲花灼灼，莲叶田田，是文人雅集、酬唱的场所。

中国自古即有祭祀四渎水神的民俗传统，四渎水神分别为“江淮河济”。所谓“江渎”就是江神，按《广雅》所记：“江神谓之奇相。”《江记》说：“帝女也，卒为江神。”不管是奇相还是帝女，都是上古的神话传说人物。古人皆以岷江为长江正源，“江渎”就是长江的神祇。《汉书·郊祀志》载：“秦并天下，立江渎庙于蜀。”以后从唐代开始屡毁屡建。按陆游《江渎庙记》所说：“成都自唐有江渎庙，其南临江。”明代曹学佺所著《蜀中名胜记》将江渎庙列为“南门之胜”，建筑仍巍然，庙内有铜铸神像、巨钟等文物。明亡后庙毁于兵燹，清代重建。

江渎庙是先人祭礼长江的所在。我国著名古建筑专家罗哲文指出，秭归江渎庙除具有浓厚的地方建筑特色，其建筑样式和建筑风格在三峡库区少见外，还是全国为数不多的保存完好的“江淮河济”四渎庙之一，具有较深厚的文化积淀和十分丰富的古建筑文化价值。由于三峡水利工程的建设，原江渎庙属于三峡库区淹没线以下，2001年起国家文物局对其进行整体搬迁复建，2020年通过专家验收。

江渎庙侧景 1（税晓洁 摄）

江渎庙侧景 2（税晓洁 摄）

江渎庙是民间建筑技术与精湛的建筑工艺有机融合的民间建筑典范，建筑的大木结构不但吸收了北方官式建筑的特点，而且又具有江南建筑的技巧风格，具有较高的艺术水平和欣赏价值。

1.1.2 祭祀治水人物的庙

1.1.2.1 夏县禹王庙

夏县禹王城位于山西运城夏县禹王村。现存禹王庙又称禹王台、青台，系近代建筑，民国时毁于战争。当地传说青台为夏禹时筑，是涂止氏望夫之处，夏桀玩乐之地。禹王庙建在一个方形的夯土台上，台高9米，南北长70米，东西长65米。禹王城及禹王城遗址于1988年1月入选第三批全国文物重点保护单位。

汉文帝时就建有禹王庙。禹王庙内宫殿楼阁，雕梁画栋，碑碣林立，高大宏伟，气宇轩昂，别具一格，蔚为壮观。正殿前悬挂着一块大匾，写着“文命阁”三个大字，殿内供奉有大禹神像，两边供奉着皋陶、后稷、伯益、契四大功臣的雕像，台后有涂山氏娘娘殿。禹王庙前面献庭写着“胼胝山川”四个大字，左有启祠，右有少康祠，庙前大门有“万福来朝”四个大字。台下有东华门、西华门，有左右走廊48间，前有唱戏大舞台，广场10亩大，周围还有莲池5亩。远望禹王庙孤台高耸，势宇轩昂。

原禹王庙毁于火灾，清同治十三年（1874年），新任河东道台杨宝臣拨款募资动工修葺，使禹庙得到修复。

复建后的禹王城全景

夏县是春秋战国时的魏国国都安邑城，也是秦、汉及晋时的河东郡治所，地处秦、晋、豫三省交汇处。传说夏禹曾在此居住过，故俗称禹王城。禹王城共分大城、中城、小城和禹王庙四部分。小城在大城的中央，禹王庙在小城的东南角，中城在大城的西南部。禹王庙是传统社会官方公祭大典和民间庙会活动的重要场所。每年农历三月廿八日，人们赶庙会、打锣鼓、跳舞蹈，举行盛大的祭祀活动。

1.1.2.2　绍兴禹庙

大禹陵，古称禹穴，是大禹的葬地。位于浙江省绍兴市越城区东南稽山门外会稽山麓，距绍兴城区3公里。大禹陵由禹陵、禹祠、禹庙组成。1995年，浙江省和绍兴市人民政府联合举行公祭典礼，恢复祭禹传统；1996年11月，大禹陵入选第四批全国重点文物保护单位；1997年，大禹陵列为全国百家爱国主义教育示范基地；2006年，大禹祭典列入国家级非物质文化遗产名录。

禹庙位于大禹陵右侧，为浙江省级文物保护单位。现存大殿建筑为1934年重建，其余部分大都为清代重建，保留了明代建筑规模和清代建筑风格。主体建筑依纵轴展开，左右对称，沿山而上。禹庙坐北朝南，自南至北有照壁、岣嵝碑、午门、祭拜厅、正殿。

中轴线上有午门、祭拜厅、正殿，顺山势逐步升高，殿前铺设石阶。正殿5间，高24米，1953年重建，钢筋混凝土结构，仿清代木构建筑形式，重檐歇山顶，气势雄伟。殿内有大禹立像，高2.85米，雍容大度，光彩照人。大禹像身后九把斧凿，侧旁摆放磬钟和大鼓，象征大禹“疏凿九州”“五音听治”。像前楹柱上书“江淮河汉思明德，精一危微见道心”一联。

午门前有岣嵝亭，内设明代翻刻的湖南衡山岣嵝碑。碑高3.9米，刻77字，内容为歌颂大禹治水之功。碑文下附有释文。

庙东侧有石亭，中设略呈圆锥状的“窆石”一块。石高2米，石上有汉唐以来的众多铭文，顶端有圆孔，传为禹下葬时所用。金柱上四副楹联由书法大师沙孟海、启功、赵朴初、王蘧常书写。殿前左右两庑分设东汉太守马臻、明代知府汤绍恩治水功绩展览。

史籍记载，夏启和少康都曾建立禹庙。《吴越春秋》云：“启使使以岁时春秋而祭禹於越，立宗庙于南山之上。”《越绝书》云：“故禹宗庙，在小城南门外大城内。”《水经注》云：“山下有禹庙，庙有圣姑像。”《礼乐纬》云：“禹治水毕，天赐神女圣姑，即其像也。”今庙始建于南朝梁武帝大同十一年（545年），历代屡建屡毁。北宋政和四年（1114年）改为“告成观”。以南宋绍熙三年（1192年）、明嘉靖二十九年（1550年）、清嘉庆五年（1800年）、民国二十二年（1933年）等四次维修规模为最大。

绍兴禹庙祭拜厅

绍兴禹庙享殿

绍兴禹庙大殿

绍兴禹庙岣嵝碑亭

1.1.2.3　夷陵黄陵庙

夷陵黄陵庙，古称黄牛庙、黄牛祠，又称黄牛灵应庙，是长江三峡地区保存较好的唯一一座以纪念大禹开江治水且禹王殿为主体建筑的古代建筑群。黄陵庙坐落在三峡西陵峡中段长江南岸黄牛岩下的湖北省宜昌县（现为宜昌市夷陵区）三斗坪镇，矗立于波澜壮阔的长江江边。黄陵庙是三峡地区一处重要的历史文化遗产，1956年湖北省人民政府公布其为湖北省第一批重点文物保护单位，2006年5月，黄陵庙入选第六批全国重点文物保护单位。1977年起正式成立了黄陵庙文物管理处，开始了对黄陵庙的全面保护工作。

黄陵庙始建于汉，唐宜宗大中九年（855年）进行复修扩建，建筑面积4800平方米。黄陵庙的内部建筑大体分为主轴线建筑和附属建筑两大部分。黄陵庙主轴线上的建筑有山门、禹王殿、屈原殿、祖师殿；附属建筑有武侯祠和玉皇阁。

山门建筑在海拔75.56米的江边台地上。宋代尚见有两匹石马的山门，清嘉庆年以前为“敕书楼”，清嘉庆八年（1803年）重庆府事赵田坤见敕书楼中殿宫墙崩塌，倡导重修，将敕书楼中殿改建为戏台，并撰刻《万世流芳》碑记，至今尚存庙中。《东湖县志》艺文志载，清人王柏心于同治甲子年（1864年）撰写的《补修黄牛峡武侯祠并造像记》中，通篇言及补修武侯们和装治旧像等，只字未提山门毁于洪水或重修山门之句。这从一个侧面说明了山门在建成后经受了1860年长江特大洪水的考验。但从黄陵庙现存的1874年黄肇敏所刻《游黄陵庙记》中“至庙，山门已圮，盖同治九年为水所浸，碎瓦颓垣堆积盈地”的记载，可以推测出黄陵庙的山门应该是毁于同治九年（1870年）即老庚午年长江特大洪水。黄陵庙现存山门为清光绪十二年（1886年）冬季重新修建的，为穿架式砖木结构建筑，山门外尚有石阶三十三步又十八级，寓意三十三重天和十八层地狱。

夷陵黄陵庙俯望（税晓洁 摄）

禹王殿是黄陵庙现存建筑群的主体建筑，修建在比山门地基高19米的台地上，为重檐歇山顶，穿斗式木结构建筑，八架椽屋。原为灰筒、板瓦屋面，面阔进深均为五开间，面阔18.44米，进深16.02米，柱网面积295.4平方米，台明高19米，通高17.74米。占地面积4000平方米。梁枋上刻记有：“皇明万历戊午孟冬吉旦奉直大夫知夷陵州事豫章吴从哲徵事郎判官将事郎吏目三源侯应得本镇善士……同建。”大殿金柱柱础上圆额小碑，俗称七寸碑刻字还隐约可见，横批是：“永远万世”，竖刻为“大明园湖广荆州府归州信士万历四十六年□月”。殿正面下檐匾额为阳刻“玄功万古”四字，落款是“崇祯岁次辛巳年季春月敕日立惠王题”；上檐匾额阴刻“砥定江澜”四字，落款是“乾隆十四年岁冬己巳觉罗齐格题并书”。1983年，在拟定对黄陵庙禹王殿进行大修的同时，古建筑专家们对该殿进行了科学的勘测和论证，指出“据殿内梁额上的题字，它于明万历四十六年（1618年）重建，清雍正、乾隆、光绪年间多次重修，在光绪十七年进行过较大规模的翻修，其主要构架和上檐斗拱仍然是明代的遗存，……结构简练明快，用材经济合理，是明代末期较好的建筑。”“一座单体建筑主要以台明、木构架、屋顶三部分组成，……大殿三大组成部分是完整的明代原物。”这就为禹王殿遭受1860年、1870年长江历史上两次特大洪水而没有被冲毁基本作了定论。从黄陵庙现保存的遗物、遗迹、水文碑刻、史志记载、民间传说中也可以证明禹王殿没有被特大洪水冲毁。

禹王殿内36根楠木立柱均保存有1870年水平一致的洪水澄江泥痕迹，且高达37米。水淹波及阑额，下檐“玄功万古”匾被淹浸47厘米，立柱黑黄分明，未被洪水浸淹的上端为黑色，即本色；被洪水浸淹过的下端为淡黄色，且澄江泥至今尚敷着在立柱表面的裂缝之中。1985年维修中，经科学测量，确认大殿内36根楠木立柱上的水浸痕迹是长江三峡1870年特大洪水水位的历史记录。在对禹王殿维修油饰过程中，考虑

夷陵禹王殿正面下檐匾额（税晓洁 摄）

到其在长江水文历史上的重要地位，特别于殿内东北角保留了两根立柱未做油漆，作为重要的水文文物标志予以保护。

屈原殿建筑在比禹王殿基高27米的台地上，清雍正年间已有该殿，咸丰、同治年间重修过，抗日战争时期被国民党三十军所部拆毁。1860年洪水未涉及此殿，1870年洪水进殿水深1米。

祖师殿又称佛爷殿，1870年洪水若再涨三步台阶即50厘米，水将进入此殿。该殿建筑在比屈原殿基高15米的台地上，据庙内现存的1874年黄肇敏撰刻的《游黄陵庙记》记述，此殿始建于明代，且明朝历代皇帝多信奉道教。毁败情况同屈原殿。

武侯祠坏于1860年洪水，毁于1870年洪水。该建筑是后人为纪念诸葛亮重建黄牛庙的功德而修，始建年代不详。据《东湖县志》艺文志载，明末祭祀诸葛亮于禹王殿内大禹像背后，侯像是巾帼英雄秦良玉（1574—1648年）造，清乾隆三十五年（1770年）前便已有纪念诸葛亮的武侯祠了，乾隆五十二年（1787年）重修，清人王柏心在《补修黄牛峡武侯祠并造像记》一文中记载得极其确凿：“……咸丰庚申（1860年）夏，泯江大溢，祠中水深丈许，缭垣尽圮，像亦剥落不全。”故于同治三年（1864年）郡守聂光鉴会同本任金大镛“巳醵金若干，付主者令装治旧像，补完如初，其椽瓦穿漏者易之，其墙石之颓□者□之，丹青庙貌，将悉还旧观……”同治三年（1864年）补修的武侯祠则被1870年大水彻底冲毁，祠内壁嵌光绪十三年（1887年）罗缙绅所撰刻的碑记中有：“光绪二年创高救生船只，沿江上下拜禹庙及武侯祠肃然起敬，因咸丰庚申同治庚午两次水灾倒塌不堪，缙绅目击心伤……”

玉皇阁经过咸丰十年（1860年）、同治九年（1870年）两次大水，阁貌已倾颓无存。此阁原建筑在黄陵庙左侧，相距200米，俗称“小庙”，黄陵庙则为“大庙”。阁基比禹王殿低42厘米。庙内的光绪十九年（1893年）《重修玉皇阁落成序》碑中云：“夷陵上游九十里，有玉皇阁者，系黄牛辅之伟观，宫殿巍峨与黄陵庙并传不朽，至今百有余年。”由此可知，此阁兴建年代至迟在清乾隆年间，经过咸丰十年、同治九年两次大水“神像则漂流几尽，庙貌则倾颓无存”，而后阁尚存咸丰四年（1854年）和尚墓。该墓为石质宝塔形，它经历了1860年、1870年两次大洪水而未倾覆。

黄陵庙明清两代古建筑保留下来的1860年、1870年长江洪水水位的记录与庙内现保存的1874年黄肇敏撰刻的《游黄陵庙记》、1887年的《钦加提督衔湖北宜昌总镇都督府管带水师健捷副营乌珍马巴图鲁罗缙绅》功德碑和《重修玉皇阁落成序》等水文碑刻中洪水记载相一致。

据《宜昌府志》记载：“此庙为纪念大禹治水的丰功伟绩而建于春秋战国时期。”清同治甲子年（1864年）的《续修东湖县志》记载：“峡之险匪一，而黄牛为最，武侯谓乱石排空，惊涛拍岸，剑巨石于江中。”又曰：“神像影现，犹有董工开导之势，因而兴复大禹神庙，数千载如新。”黄陵庙的始建年代已无从考证，但从后来的一些史料上可以推测到它的发展脉络。黄陵庙中存有一块诸葛亮为重建黄牛庙而撰刻的《黄牛庙记》，碑文记载：“……古传所载，黄牛助禹开江治水，九载而功成，信不诬也，惜乎庙貌废去，使人太息，神有功助禹开江，不事凿斧，顺济舟航，当庙食兹土，仆复而兴之，再建其庙号，目之曰黄牛庙。”

1985年，黄陵庙禹王殿大修期间，出土唐代莲花瓣石柱础残片数块，花瓣硕大，似金柱础，同时出土有两件完整的莲花瓣石柱础，做工规整，似可证明唐代曾重建过黄陵庙。

夷陵黄陵庙禹王殿（税晓洁 摄）

夷陵禹王殿现代建造的大禹像（税晓洁 摄）

夷陵黄陵庙莲花瓣石柱（税晓洁 摄）

夷陵黄陵庙碑廊（税晓洁 摄）

夷陵庙内黄牛雕像（税晓洁 摄）

北宋欧阳修于北宋景祐三年（1036年）农历十月至北宋宝元元年（1038年）农历三月在夷陵（今宜昌）任县令时，留有《黄牛峡词》：“石马系祠前，山鸦噪丛木……朝朝暮暮见黄牛，徒使行人过此愁！”可见，欧阳修见过此庙。

南宋孝宗乾道六年（1170年）十月初九日，陆游在《入蜀记》中云：“……九日微雪，过扇子峡……晚次黄牛庙，山复高峻，村人来买茶菜者甚众……传云，神佑夏禹治水有功，故食于此。门左右各一石马，颇卑小，以小屋覆之，其右马无左耳，盖欧阳公所见……欧诗刻庙中。”

1986年，在翻修禹王殿前十二级石阶时，于左边象眼石中拆除石马头一个。马头仅存顶部、眼睛、鼻子、嘴巴、脖子及马铃，其他部位均被打凿成长条规整面，作为象眼石砌在石阶的侧面，石马面部朝内。应是欧阳修当年所见石马无疑。

《东湖县志》卷二十六记载：“明洪武初，正式封黄牛庙所祀之牛归神，永乐壬寅年（1422年）冬，佥事张思安按部夷陵（今宜昌），闻黄陵江石滩群虎为害，当地设井捕获十有三焉，遂率夷陵守汪善并拜之，感谢黄陵神之灵应默佑傚于斯民，并撰《黄陵神灵应碑记》。”由此可见，黄陵庙之称应始于明洪武年间。

同治末年（1874年），清典史黄肇敏因专事制作峡江纪游图，于黄陵庙撰刻《游黄陵庙记》，记中云：“考诸古迹，今庙之基，即汉建黄牛庙之遗址也。庙遭兵焚，古榻无存，迨明季重建，廓而大之，兼奉神禹，盖嫌牛字不敬，故改为黄陵……”又曰：“殿供大禹，楹楚镌万历四十六旧州人建，旁有断碑仆地，拂尘读

夷陵禹王殿殿后檐悬木匾“明德远矣”（税晓洁 摄）

之，乃黄陵神赞颂，正德庚辰南太仆少卿的西蜀刘瑞撰，后殿供如道教老子像，云即黄陵神也，座侧立一牛，木质。尝闻国朝宋琬题楹贴云：奇迹著三巴，圭壁无劳沈白马，神功符大禹，烟峦犹见策黄牛，今亡矣。后又一殿，供释迦牟尼像。”据此而知，明正德年间，黄陵庙尚存，不知毁于何时，故明万历四十六年重建，且屹立至今。黄陵庙成为大禹在长江流域治水的重要见证。

黄陵庙的占地面积不是很大，建筑也不多，但却有一定的布局，特别是其主要建筑是见证长江特大洪水的实物资料，在长江水文考古史上有其重要的地位。这里保存有大量珍贵的有关长江三峡特大洪水水位等重要的水文遗迹和实物资料，从某种意义上是长江三峡地区水位变化的水文资料库。这些资料为葛洲坝水利枢纽工程和长江三峡水利枢纽工程提供了重要的历史水文依据。

1.1.2.4　宁阳禹王庙

宁阳禹王庙，位于山东省泰安市宁阳县伏山镇堽城坝村北，大汶河南岸，坐北朝南。原为河神庙，后为纪念大禹治水改建为禹王庙。禹王庙现为山东省级文物保护单位，山东省优秀历史建筑。

禹王庙占地16132平方米，沿中轴依次为大道、广场、庙门、神道、正殿、假山等建筑，东西两侧为掖门、东西两廊，石碑及古柏树11株。

据清咸丰元年（1851年）重修《宁阳县志·秩祀》记载：“原名汶河神庙，在堽城坝，明成化十一年（1475年）员外郎张盛建坝，因立庙。”禹王庙正殿虹渚殿为穿堂式建筑，殿祀禹王，门额篆“风调雨顺”

四字。庙内立有龟趺螭首石碑两通：一通为明成化十一年（1475年）“造堽城石堰记”碑，由明代文渊阁大学士尚辂撰文，由明代四大家之首的文徵明及名家祝允明的书法老师李应祯篆额书丹；另一通为明成化十三年（1477年）“同立堽城堰记”碑，由户郭尚书万安撰文，布政使司樊辅书丹。大殿西侧，原有石碑数通，今仅存城堰碑两通，东西相向而立。通高约5.6米，宽近1.5米，厚0.5米。记载着明成化十年（1474年）城坝重建的缘由、选址、用料及施工工艺等，指出该坝为古代著名的水利建筑工程。碑文记载：“元宪宗七年（1257年），始筑城坝遏大汶河水南流，由河注入济宁，以利漕运。”因坝为土筑，汛期常被冲毁，且淤积泥沙，后河床升高，河道塞流。

1267年，建石砌大闸，用铁砂磨吻合，以利控制水势，构筑坚固。明朝定都南京后，漕运停止，河道逐渐淤塞，堰坝毁坏。明成祖初年，迁都北京，恢复航运。于是改选河床为坚硬石质的今址，重新建坝。坝体用碎石和石灰灌注，次年竣工。这项工程在历史上为繁荣南北水路交通、灌溉鲁西南广袤的农田，发挥过巨大的作用。

宁阳禹王庙院门

悦城龙母祖庙牌坊（刘立志 摄）

1.1.3 祭祀龙王龙母雨神的庙

1.1.3.1 悦城龙母祖庙

悦城龙母祖庙坐落在广东省肇庆市德庆县悦城镇三江汇流处，于2001年6月入选第五批全国重点文物保护单位，2011年入选国家非物质文化遗产扩展项目名录。

龙母祖庙始建于秦汉时期，距今有2000多年历史，重建于清光绪三十一年（1905年），集两广能工巧匠和技艺大师历时七年建造而成，与广州陈家祠、佛山祖庙并称为岭南古建筑的“三瑰宝”。龙母祖庙因其蕴涵着深厚的龙母文化、古建筑文化和历史文化而闻名海内外。

现存的龙母祖庙为砖、木、石结构，建有石级码头、石牌坊、山门、香亭、正殿、两厢、妆楼、行宫、龙母坟。

龙母祖庙建筑精华在于“四雕一塑”。“四雕”指砖雕、石雕、木雕、灰雕，“一塑”指陶塑。山门的左右墙头上保留着两块艺术价值极高的砖雕，虽然已经破损，但可以看到极其精细的刀法，神情惟妙惟肖的人物，富于立体感的多层次画面。最为出色的是山门檐口饰板上的木雕，花鸟人物，形象生动，造型优美。香亭和山门的柱子全部采用蟠龙花岗石雕柱，柱上所雕之龙无不鳞甲毕具，口中的龙珠滚动自如却不能取出。透雕和深雕相结合的高超工艺，使柱上的每一条龙都栩栩如生欲驾云飞去。除了美观，柱雕还有一个功能，就是防虫防蛀，柱础上刻的奇特花纹能够有效地防止虫蚁爬到梁柱等木质建材上为害。大殿殿脊上的陶塑，原有的已经因为年深日久而被风化，现在保留的石湾老艺人的作品，人物取材于《封神榜》和水浒108将，其艺术价值仍然值得称道。

龙母祖庙建筑群具有良好的防洪、防火、防虫、防雷性能，虽经百年风雨雷电，至今瓦不漏、墙不裂、柱不弯、地不陷，令专家惊叹不已，称其为南方低水地区古建筑的典范。其建筑系按低水区特点设计；柱基特高，墙四周砌以水磨青砖，盖以琉璃瓦，殿内外地面，全以花岗岩石板铺设。每逢水淹过后，庙内稍作清扫便干净如故。

悦城龙母祖庙鸟瞰（刘立志 摄）

悦城龙母祖庙殿脊陶塑（刘立志 摄）

悦城龙母祖庙龙母像（刘立志 摄）

悦城龙母祖庙石雕（刘立志 摄）

悦城龙母祖庙香亭及悬挂盘香（刘立志 摄）

每年的农历五月初八日“龙母诞”期间，成千上万的海内外游客赴庙上香朝拜，烟火经年不衰。祭祀仪式包括：先到龙泉洗圣水，然后是引香火，呈供品，跪叩礼，祈祷，燃金银纸，之后是放爆竹，表示欢迎神明鉴纳。

龙母祖庙，系集两广能工巧匠，运作七年才完成。它与广州陈家祠、佛山祖庙合称为岭南建筑三瑰宝。

霍泉水神庙

1.1.3.2 霍泉水神庙

霍泉水神庙坐落于山西省洪洞县广胜寺内，是祭祀霍泉神的风俗性祭祀庙宇，包括山门（元代戏台）、仪门、明应王殿等建筑。该庙于1961年3月与广胜寺一同被列为第一批全国重点文物保护单位。

水神庙依傍霍山，面向霍泉，与广胜寺仅一墙之隔。下寺门外即是霍泉，据郦道元的《水经注》记载：“霍水出自霍太山，积水成潭，数十丈不测其深。”霍泉由海场、分水亭、碑亭组成。海场为水源池塘，面积约80平方米，依山修筑，用于围护源头，灌溉十余万亩粮田。池前有分水亭。亭下用铁柱分隔十孔，是当年洪洞、赵城两县分水的交界处，依照“南三北七”分水。这里是流传千年广为人知的洪洞、赵城“三七分水”故事发生的地方，也是历史上解决两县争水纠纷的遗迹。碑亭内碑文记载分水情况，碑阴刻分水图。1949年后成立专门机构，水源得到合理使用。

水神庙始建于唐代贞观年间，元代大地震毁坏之后，于元延祐六年（1319年）重建。明清时期多有修葺，现完整保存有兼作戏台的山门、仪门和水神明应王殿。

霍泉水神庙分水亭

霍泉水神庙明应王殿元代壁画

在水神庙明应王殿内，除有明应王像和侍女、大臣等泥塑外，殿内四壁还绘有近200平方米的水神庙元代壁画，尤其以南壁东的一幅《大行散乐忠都秀在此作场》的元代戏剧壁画著称于世。这幅壁画是研究我国戏剧发展史和舞台艺术的不可多得的资料，是中国唯一保存的大型元代戏剧壁画，也是“我国古代唯一不以佛道为内容的壁画孤例”，被人们誉为广胜又一绝，也被誉为广胜寺文物的第三绝。水神庙元代壁画以祈雨、行雨、酬神为主线，整个壁画分东、西墙和东南、西南、东北、西北墙六大块。布于殿内四墙的壁画，高5.5米，总长34米，总面积190平方米，记有《龙王行雨图》《祈雨图》《元杂剧图》《捶丸图》《下棋图》《渔民售鱼图》《王宫尚宝图》《王宫尚食图》《王宫梳妆图》《古广胜寺上寺图》等十余个故事图画。

北面墙《祈雨图》中，水神正坐中央，下面有一官员手执奏折，正在求水神行雨，名为《王宫尚食图》中，正北神龛左边有许多侍女正在准备用珠宝、水果及酒供奉水神。旁边有一大框，框内放有实物，还有一大块冰。由这块冰就可以知道，早在600多年以前，我们的祖先就采用了以冰冷藏食物的方法。神龛左边许多侍女也正在忙于尚食，有两个小侍女在烧炉，火炉上的壶已经烧开，其中一侍女弯腰捅灰，站着的侍女怕炉灰落脏了头发，急忙用衣袖遮住了头，有着浓郁的生活气息。

广胜寺下寺霍泉水神庙内景

霍泉水神庙《校正北霍渠祭祀记》石碑

水神庙的壁画充分表现了我国元代壁画的艺术成就，已成为研究我国元代社会状况的珍贵资料。

水神庙明应王殿供奉水神明应王，民间传说，明应王是霍山神的长子。传说霍山神曾经帮助战国时期的赵襄子转危为安并灭掉知氏，又在唐初帮李渊绕道攻陷霍邑，直取长安。明应王掌管着与百姓生活密切的霍山泉水，自古以来受到民间百姓的崇敬。

1.1.3.3　湄洲妈祖祖庙

湄洲妈祖祖庙，位于福建省莆田市湄洲岛。湄洲是中华妈祖文化的发祥地，是海内外妈祖信众的朝圣中心。每天都有很多信徒来此进香祈愿。湄洲妈祖祖庙因其厚重的历史积淀及特有的文物价值，于2006年6月入选第六批全国重点文物保护单位。2009年以妈祖祖庙为重要物质载体的妈祖信俗被联合国教科文组织列入人类非物质文化遗产保护名录。

湄洲妈祖祖庙始建于宋雍熙四年（987年），后经各个朝代的不断扩建修葺，至清朝乾隆以后已颇具规模，成为有16座殿堂楼阁、99间斋房的雄伟建筑群。

湄洲妈祖祖庙是世界上第一座妈祖祖庙，现存建筑多为清代结构。妈祖祖庙建筑群以前殿为中轴线布局，依山势而建，形成了纵深300米、高差40余米的主庙道，从山门、仪门到正殿由323级台阶连缀两旁的各组建筑。在妈祖祖庙山顶，还建有14米高的巨型妈祖石雕像。

湄洲妈祖祖庙包括西轴线和南轴线两大建筑群，西轴线有牌坊、长廊、山门、圣旨门、钟鼓楼、正殿、寝殿、朝天阁、升天楼、佛殿、观音殿、五帝庙、中军殿以及爱乡亭、龙凤亭、香客山庄、思乡山庄等大小建筑

湄洲妈祖像

36处。南轴线建筑群有寝殿、敕封天后宫殿、庑房、献殿、钟鼓楼、山门、牌坊、天后广场、天后戏台等大型建筑。

妈祖被朝廷褒封为“天后”，在民间被尊为天上圣母，因此祖庙的山门呈皇家城阙型，高10米，长20米，进深9米，内供祀“千里眼”“顺风耳”两尊妈祖护卫神。

妈祖祖庙仪门，清代所建，1989年由台湾大甲镇澜宫董事会捐资重建，历代皇帝36次褒封妈祖都在这里颁布“圣旨”，故称为“圣旨门”。圣旨门三重檐三开间，正中悬挂“圣旨”竖匾，凌空而建，神圣而威严。仪门背面书有“历代褒封崇懿德，环球利涉赖慈航”的对联。民间信仰有酬神仪式，戏台为每逢纪念妈祖诞辰、升天等重大文化活动时演出莆仙戏的专用场所。戏台檐高6.9米，台高1.2米，面积126平方米，主台为歇山顶建筑，两边柱子上有楹联一对，上联：法曲献仙音，九域讴歌，万方鼓舞；下联：海潮飏圣绩，千年顺济，两岐和平。

正殿原为朝天阁，明永乐元年（1403年）郑和奉旨遣官建造。清康熙二十二年（1683年），福建总督加太子太保兵部尚书姚启圣把原朝天阁改建为正殿。因民间敬称姚启圣为“太子公”，所以后人便将其改建的正殿称为“太子殿”。正殿仍保持清初建筑风格，为重檐歇山顶，开间为一进深的抬梁式结构建筑。殿内供奉妈祖及陪神，设有光明灯3万盏，以让广大妈祖信众点灯祈安。与“太子殿”毗邻的“升天古迹”，是妈祖升天之处。相传987年重阳节（农历九月初九日），林默娘（后称“妈祖”）同诸姐登高于湄峰之巅，默娘迎着仙班古乐，跨上祥云，翱翔于天际间。忽然彩云布合，不可复见。默娘升天后，乡人感其美德，就在此处建庙奉祀。明代祖庙住持僧照乘在崖上题刻“升天古迹”四字。

天后殿又称“寝殿”，是妈祖祖庙最主要的殿堂之一，占地面积 238平方米，始建于宋雍熙四年（987年）。明洪武七年（1374年）由泉州卫指挥周坐重建，永乐初和宣德六年（1431年）郑和、康熙二十二年（1683年）闽浙总督姚启圣、康熙二十三年（1684年）靖海侯施琅分别加以重修。现存建筑是民国年间再度重修的，建筑保持明代布局和清代风格，部分为清代原构。天后殿由门殿、主殿和两庑组成，主殿为单檐歇山顶三开间五进深的抬梁式结构建筑，门殿石柱上有莆田明代才子戴大宾所写的“齐斋齐斋齐齐斋齐齐斋戒，朝潮朝潮朝朝潮朝朝潮音”对联一副，极具文物价值。殿内供奉宋代雕刻的千年樟木妈祖金身及水阙仙班陪神，正梁悬挂清雍正皇帝御笔“神昭海表”匾额。

湄洲妈祖祖庙正殿近观

湄洲妈祖祖庙正殿远眺

湄洲妈祖祖庙天后殿

因姚启圣把朝天阁改为正殿，清康熙二十三年（1684年），施琅在正殿之后重建了朝天阁。现存朝天阁为1989年7月由台湾鹿港天后宫捐资重建。朝天阁为三层八角塔型建筑，一楼所供是台湾鹿港天后宫的黑脸妈祖像，二楼前后供奉三尊妈祖像，前中部为鹿港妈祖，后面为祖庙妈祖，寓意“共奉一炷香，同祀一神明”。升天楼为三层六角攒尖顶塔型建筑，1991年建造落成，是为纪念传说中妈祖羽化升天而建。

观音殿始建于清代，现存建筑为1990年重建。作为妈祖祖庙的重要配殿之一，观音殿建造初衷主要源于民间传说妈祖父母向观音菩萨祈求子嗣而得妈祖之说法，且妈祖的慈悲济世精神亦与观音一脉相承。殿中央供奉观音菩萨，旁陪祀十八罗汉。相传妈祖是观音大士化身，因此妈祖庙必祀观音，以念其德。

圣父母祠也是妈祖祖庙重要配殿，建于清代。祠内供奉妈祖及其父母神像，象征妈祖永远侍奉父母膝下，寓意妈祖在庇佑四海万民的同时，时刻不忘父母的养育之恩。

中军殿始建于明代，相传明代泉州卫指挥周坐，在大兴土木扩建妈祖祖庙的工程竣工后，用剩余建材建了一座殿房，并塑了神像作为妈祖殿前护卫，赐名“中军”。后人认为中军为妈祖保驾护庙，即认同本殿中军乃周坐之化身，以代代相奉。现存建筑为1989年重建，是妈祖祖庙的重要配殿之一。

梳妆楼，据《敕封天后志》考证，为清康熙年间靖海侯施琅所创建，为妈祖之起居处所。梳妆楼内供奉便装妈祖，发梳“妈祖头”，身着“妈祖服”。“妈祖头”是船帆式的发髻，寓意妈祖保佑四海万民一帆风顺。“妈祖服”为蓝色上衣及红黑两截裤，“蓝色”比喻大海，“红黑”分别象征吉祥与思念。

佛殿，据《天妃显圣录》记载，妈祖自幼“喜净几焚香，诵经礼佛”。清康熙年间，靖海侯施琅遂在倡建朝天阁、梳妆楼的同时，亦建一座佛殿。佛殿为妈祖祖庙重要配殿之一，殿内供奉释迦牟尼佛像及文殊、普贤菩萨等陪神。

湄洲妈祖祖庙现存朝天阁

坐落在湄洲妈祖文化园山顶的妈祖石雕像

妈祖石雕像坐落在妈祖文化园山顶，是目前湄洲岛上最高最大的一尊妈祖像。每年农历正月初三日，湄洲妈祖祖庙董事会在南轴线天后殿举办以“新年新岁新气象，祈年祈福祈平安”为主题的祈年典礼活动，海内外妈祖信众遵循古制，同上高香，共祈五福。

湄洲妈祖石雕像近观

湄洲岛元宵节从农历正月初八日到正月十九日，长达12天。岛上14家妈祖宫庙在这段时间里，在本家社宫境内巡安布福，其中尤以妈祖祖庙妈祖金身銮驾回诞生地（湄洲东蔡村）巡安、驻跸最为隆重，每年吸引成千上万的海内外信众参加。

每年农历三月廿一日，妈祖祖庙都在圣旨门广场升幡旗、挂红灯，举行庙会启动仪式，向全球妈祖信众宣告妈祖诞辰系列活动开始。在这期间，来自世界各地的妈祖宫庙纷纷组团，恭抬分灵妈祖回湄洲妈祖祖庙寻根溯源、谒祖进香，共襄盛举，一起庆祝妈祖诞辰。每年农历三月廿三日是妈祖诞辰纪念日，妈祖春祭大典如期在湄洲妈祖祖庙天后广场隆重举行，来自海内外的妈祖信众万人齐聚妈祖祖庙，盛装同谒妈祖。

康熙五十九年（1720年），湄洲妈祖祭祀大典列入国家祭典；雍正时期，复诏普天下湄洲妈祖祭祀大典行三跪九叩礼；乾隆五十三年（1788年），朝廷下诏湄洲妈祖享春秋两祭。湄洲妈祖祭典与孔子祭典、皇帝祭典并称中华三大祭典。

晨拜妈祖是祖庙为传承传统文化、营造庙宇庄严的礼拜仪式，礼诵《湄洲天上圣母真经》，引领妈祖善信，沐手拈香，祈福祈安。

农历九月初九是妈祖羽化升天纪念日，来自世界各地的妈祖信众汇聚湄洲岛深奥底，在“海祭福船”上，参加妈祖祖庙在此举办的海祭大典活动，祭祀活动一为缅怀妈祖，二为渔民祈求出海平安，同时表达保护海洋生态的意愿。

1.1.3.4 大阳汤帝庙

大阳汤帝庙位于山西省晋城市泽州县大阳镇西街，2006年6月入选第六批全国重点文物保护单位。

大阳汤帝庙正殿

汤帝庙创建时间年代不详，一说为宋代，现存主要建筑为元代风格，碑记多为明清两代重修的记载。汤帝庙，坐北朝南，二进院落，南北长64.95米，东西宽46.75米，占地面积约3036平方米。由南至北依次顺坡建有：戏楼、广场山门、中门、成汤殿（正殿）。

商朝汤帝自古被视为雨神化身。历经千年沧桑的大阳汤帝庙内，至今留有大小石碑22通，多与祈雨有关。在元代，大阳汤帝庙设有求雨水擎，明清两代还专设“水官”来组织管理祈雨活动，后来，祈雨仪式在当地逐渐演变成庙会。

1.1.3.5　阳城下交汤帝庙

阳城下交汤帝庙位于山西省阳城县河北镇下交村，2006年6月入选第六批全国重点文物保护单位。

下交汤帝庙始建于宋，金大安二年（1210年）重修，此后历代均重修。下交汤帝庙一进两院，现存正殿、拜殿、舞楼等建筑群，占地2000余平方米。正殿、拜殿分别为宋金建筑，明、清两代重修，两殿石柱为宋、金原物。

拜殿内现存明清大小碑刻20余通。下交汤帝庙为证明《穆天子传》以来“桑林祷雨”之说提供了难得的依据，对诠释阳城众多汤帝庙之首的始建年代，具有非常重要的价值和意义，是研究商汤桑林祷雨及明清时期当地风俗的宝贵典史。

阳城下交汤帝庙山门（引自：凤凰新闻网）

阳城下交汤帝庙舞楼（引自：凤凰新闻网）

阳城下交汤帝庙拜殿宋金时期石柱（引自：凤凰新闻网）

阳城下交汤帝庙正殿（引自：凤凰新闻网）

阳城下交汤帝庙拜殿碑林（引自：凤凰新闻网）

此外，庙内现存明代琉璃、清代壁画以及正殿所用荆木大梁，为今天研究宋金明清时期晋东南地区的生态环境、琉璃技术和壁画工艺提供了生动的证据。

1.1.3.6　白浮泉都龙王庙

白浮泉都龙王庙位于北京市昌平区化庄村东龙山。为北京市第四批市级文物保护单位，2013年5月入选第七批全国文物重点保护单位。

元世祖忽必烈一统大江南北后，定都北京城，改名为大都。此后为解决漕运，郭守敬以龙山脚下白浮泉作为大运河北端上游水源。元至元二十九年（1292年）建成白浮堰。白浮泉又称龙泉、神山泉。在泉水源头建有水池，流水出处有青石雕刻的龙头9个，取名九龙池。水自龙口喷出，有“九龙戏水”之称。元末明初，白浮堰瓮山段被毁。明洪武年间在龙山山顶建“都龙王庙”，为祭祀、祈雨之用。庙坐北朝南，由照壁、山门、钟鼓楼、正殿及配殿等建筑组成。院内遗存明、清碑刻5通。遗址已部分修复，泉已干涸，保存有明代汉白玉池与9个石雕龙头。

明清两代，都龙王庙多有修缮。清光绪四年（1878年），京城大旱，官民都去龙山祈雨，后来果然天降大雨，光绪帝下旨，由南书房翰林书写匾额“祥徵时若”，交给李鸿章，并安排人悬挂于都龙王庙，可惜此匾无存。都龙王庙两侧山墙上也有壁画，据当地老人回忆，现存壁画绘制于20世纪50年代，讲述的也是求雨的故事，院内有明清修庙记事碑五通，记述当时祈雨、修庙的经过。九龙池与都龙王庙是研究北京水利事业发展史以及古代民俗风情的重要实物。

白浮泉都龙王庙山门（一）

白浮泉都龙王庙山门（二）

白浮泉都龙王庙大殿

白浮泉都龙王庙石雕龙头（一）

白浮泉都龙王庙石雕龙头（二）

白浮泉都龙王庙明清修庙记事碑

白浮泉遗址

1.1.3.7 郭裕村汤帝庙

郭裕村汤帝庙位于山西省晋城市阳城县北留镇郭峪村。郭峪村汤帝庙，俗称郭峪村大庙，2006年6月入选第六批全国重点文物保护单位。

郭裕村汤帝庙山门

阳城汤帝庙，创建于元至正年间（1341—1368年），明正德年间（1506—1522年）扩建，嘉靖年间曾毁于火灾，修复于万历年间；清顺治九年（1652年）又拆旧整修，历经民国，现今恢复原貌。全庙分上、下两院，上院前沿有石栏，中有石梯可通上下。北面为正殿，面宽九间，进深六椽。东西殿各三间，角殿各三间。下院东西两面为两层楼房，上、下各10间，上为看楼，下为住房及客房，南面上为戏台，下为山门，两旁又各有角楼，为储藏室，门外西侧有钟鼓楼。1949年以前此庙为村社活动场所，村内重大事情都在这里商定和办理。民国年间，村公所设于此庙。新中国成立后，曾在此设立村乡公所、大队部、保健站等。

关于汤帝庙的传说和来历，在当地最为盛行的一种说法，是说当年阳城连年大旱，汤帝专门赤身在阳城的析城山为老百姓祈雨，这种诚意终于感动了上苍，为阳城大地普降甘露。阳城百姓为了感谢纪念汤帝，在阳城各地建造汤帝庙，郭峪村的这座汤帝庙则是规模最大、保存最为完整的一座。

郭裕村汤帝庙山门上层为戏台（背面）

上院前沿石栏与石梯

郭裕村汤帝庙古戏台（正面）

1.1.3.8 黑龙潭龙王庙

黑龙潭龙王庙又名神龙祠，位于北京市海淀区画眉山上。1984年5月入选北京市第三批市级文物保护单位。

庙初建于明成化二十二年（1486年），万历年间重修，清康熙二十年（1681年）重建。清乾隆三年（1738年）封黑龙潭龙神为“昭灵沛泽龙王之神”。庙内现存明清及民国重修碑、御制碑及祈雨灵应碑等多块。相传这里的山产石黑色，浮质而腻理，入金宫为眉石，所以山亦称画眉山。龙王庙面东依山而筑，分为三阶，层层上升，两侧有四座碑亭，明清皇帝万历、康熙、乾隆敕建的御书碑文，记载有明、清帝王祀祭龙神、祈祷雨泽的经过，具有较高的历史、艺术价值。

黑龙潭龙王庙庙门

黑龙潭龙王庙门楼

黑龙潭龙王庙龙王殿

据《帝京景物略》记载，“黑龙潭在金山口北，依岗有龙王庙，碧殿丹垣，廊前为潭，土人云有黑龙潜其中，故名黑龙潭。”据民间传说，遇到干旱年景，附近数十里的水源都枯竭了，但唯有黑龙潭的流水终年不断。令人惊叹的是，不管下多大的雨，龙潭中的水也不会涨起，不管多么干旱，龙潭中的水位也不会下降。

龙王庙坐西朝东，山门檐下正中镶嵌有敕建黑龙王庙的横匾。入寺为一半圆形回廊，廊上有20多个方、圆、棱、扇等形状各异的什锦窗。回廊宽1米多，内侧由30多根木柱分隔成30多间。黑龙潭位于回廊环绕之中。

主体建筑建于东西轴线上，有山门前殿、三世佛殿、龙王殿等。主殿的两侧建有配殿和碑亭，全部建筑均为歇山顶，覆以黄琉璃瓦。

黑龙潭龙王庙兴建于明代，明人宋彦《山行杂记》记载：“村曰泰州，后即画眉山。山有黑龙王祠，入门上石级，碑亭一，再上石级，列碑亭三，皆历朝祷雨灵应而记也。再上石级，小殿三楹，中居龙王像。碧瓦丹栋，灿然可观，自下亭东下，历石岩甚奇古。乃见龙湫，围广十亩，水从石罅中喷出，与玉泉同。” 因祷雨有应，明成化二十二年（1486年）敕建龙王庙，万历十四年（1586年）重修。万历二十六年（1598年）正式加封黑龙潭“龙王”封号。据《明神宗实录》卷三百二十一记载：“加封金山黑龙潭龙王庙号为护国济民神应龙王庙，潭名为神应龙潭，立碑刻文表扬纪述。先是，上谒祭天寿山回銮道经金山，见上庙宇傍有泉名黑龙潭，山形秀异，泉水清奇，驻跸幸焉。是后或遇祈雨遣祷辄应，时上忧旱甚，每夜分宫中秉诚露祷，复遣正一嗣教大真人张国祥赴潭祈祷，旋获雨泽，四郊沾足，故有是命，赐张国祥玉带银币以旌祈雨之功。”从上述记载可知万历皇帝从十三陵返京的归途中发现了山水俱佳的黑龙潭，曾驻跸此处，后来因为天旱派遣张国祥赴潭祈祷，这说明黑龙潭的龙神祭祀与道教关系密切，主持龙神祭祀的是正一派的天师。

据载，明朝万历皇帝和清朝康熙、乾隆等帝王，都曾来此祈雨、观潭。皇帝来时，銮驾仪仗，前呼后拥，场面分外壮观。为此，殿南还修建了供帝王休息的行宫数十间。庙宇殿堂顶部的吻兽，都是龙的形象。每次祈雨中还举办各种戏会。清康熙二十年（1681年）重建黑龙潭龙王庙。雍正三年（1725年）再修，并易以黄琉璃瓦，颁制碑石。乾隆三年（1738年）上谕封黑龙潭龙王为昭灵沛泽龙王之神，每岁春秋，遣官致祭。乾隆二十五年（1760年），皇帝又降旨“致祭黑龙潭，改遣内务府圆明园大臣承祭”。黑龙潭龙王庙是清代北京地区最早进入国家祀典的龙神祠，此后的三座龙神祠的祀典规格都是比照它制定的。

1.1.3.9 皂河龙王庙行宫

皂河龙王庙行宫原名“敕建安澜龙王庙”，位于江苏省宿迁市皂河镇通圣街与行宫路交叉口东北角，占地面积36亩。1982年3月入选江苏省第三批省级文物保护单位；2001年6月入选第五批全国重点文物保护单位；2014年列入世界文化遗产名录。

皂河龙王庙行宫龙王殿
（引自：去哪儿旅行网）

皂河龙王庙行宫山门

皂河龙王庙戏楼

皂河龙王庙行宫

皂河龙王庙禅殿

龙王庙行宫始建于清顺治年间（1638—1661年），改建于康熙二十三年（1684年）。后经雍正、乾隆、嘉庆各代皇帝的复修和扩建，形成了周围红墙，三院九进封闭式合院的北方宫式建筑群。

龙王庙行宫系清代帝王为祈求“龙王”“安澜息波，消除水患”而建的祭祀建筑，故命名为“敕建安澜龙王庙”。后因乾隆皇帝多次临幸于此，故又名“乾隆行宫”。

龙王庙行宫建筑布局对称，轴线分明，分列殿宇15座，中轴线上建筑物主次分明。整个建筑群由六大部分组成，最南端为古戏楼，主要用于一年一度的农历正月初九日庙会及清帝驾临看戏之用。古戏楼向北，为青砖铺设的宽阔广场，广场两边有两根六丈高的神杆（俗称旗杆），神杆两边有相对应的“河清”“海晏”牌楼。山门正门的正上方，青砖镶嵌着乾隆皇帝御笔题写的7个鎏金大字——“敕建安澜龙王庙”和一方“乾隆御笔印”。

第一进院落中心位置是乾隆皇帝下旨建造的御碑亭，亭内御碑高5米，碑帽的正面镌刻“圣旨”二字，碑身正面刻有圣旨全文，主要内容记述了康熙、雍正皇帝建庙的缘由和修建的经过。御碑亭两旁，建有钟、鼓二楼，东边为钟楼，西边为鼓楼。建筑的形制、布局、尺度相同，每座建筑103平方米。御碑亭北面是怡殿，位于中轴第一道院和第二道院的相交处，占地面积66平方米。

第二进院落是整体建筑的中心，主体建筑是“龙王殿”，又称“绿瓦殿”，两侧对应有东、西配殿。龙王殿占地面积435平方米，大殿正中供奉东海龙王贴金坐像。该院落是僧人日常佛事活动的主要场所，乾隆皇帝5次下榻龙王庙，在这里朝政议事、敬神祭祖。

第三进院落是龙王庙行宫最后一进院落，为“正宫”，也是乾隆皇帝的寝宫。二、三院落的相交处横向轴线上的建筑分别是灵宫殿和东西庑殿。庑殿是庙内僧侣们用来读书赋诗和研究佛学的场所，也是皇帝驾临时，文武官员用来处理政务和娱乐休息的地方。灵宫殿正门上方悬挂“福靖灵波”横匾一块，乾隆皇帝驾临时，此殿又叫“分宫厅”，皇帝皇妃进入后宫后，其他文武官员一律禁止入内。

清乾隆皇帝六下江南，五次夜宿于此处寝宫楼上。与正宫相呼应的是位于正宫两侧的东宫和西宫，这是随同南下的皇妃们住宿的地方。院落内植有柏、柿、桐、椿、槐、杨六树，取意“百市同春”“百世怀杨”。整个正宫殿宇坐落在青白石板筑成的1米高的须弥台上，大殿通高23米，在整个建筑群中规模最大、规格最高、最为壮观豪华。

1950—1956年，庙内僧人被陆续遣散，龙王庙交由皂河镇人民政府房管所管理使用。后龙王庙御碑、石狮及部分古建筑遭毁。1982年、1988年、1992年、1993年，江苏省、宿迁市、县三级政府耗资100万元分别对龙王殿、御碑亭、钟、鼓楼等进行了规模修缮。

自清代以来，每年的农历正月初八、初九、初十日这三天，为皂河安澜龙王庙庙会之日。因正月初九日为庙会“正日子”，故当地又习惯称之为“初九会”。该庙会起源于明孝帝弘治八年（1495年），后经康熙、乾隆皇帝南巡数次驻跸于此，使龙王庙会更是名声大振。其中初八日为“焰火日”，晚上在龙王庙西侧广场燃放各种烟花、爆竹；初九日为“正祭日”，在龙王殿的月台广场设祭台正祭；初十日为“朝山日”举行仪仗游庙活动，以求消除水患。数百年来从未间断，可称得上一大民俗奇观。

皂河龙王庙行宫御碑亭（引自：去哪儿旅行网）

1.1.3.10 烟台龙王庙

烟台龙王庙位于山东省烟台市北的烟台山上，2022年1月，此处龙神祠和龙王庙入选山东省第六批省级文物保护单位。

皂河龙王庙行宫配殿（引自：去哪儿旅行网）

龙王庙始建于明末天启年间，是当地人为祈雨保丰年而修建，迄今已有数百年历史。烟台山是烟台的象征和标志，清康熙年间，烟台山即被誉为“福山八景之首”。龙王庙虽规模不大，却是烟台山上最古老的建筑。1994年和2000年，烟台山管理部门对龙王庙进行了两次维修，使这座有着数百年历史的庙宇恢复了原貌。

明末天启年间，烟台连年大旱，民众为了祈雨，自发筹资在烟台山山顶修建三间草堂供奉龙王。龙王庙内中间供奉龙王神位，左有风伯雨师，右有雷神电神。相传农历八月十八日为四海龙王神会之日，烟台山上会举行庙会，祈求风调雨顺，国泰民安。

皂河龙王庙行宫寝殿及殿前香炉（引自：去哪儿旅行网）

烟台龙王庙正殿南面

烟台龙王庙龙蟾池

烟台龙王庙正殿下的龙蟾池

烟台龙王庙正殿北面

烟台山龙王庙，或烟台市龙王庙，整体坐北朝南，其奇特之处有两点：一是正殿从屋脊分界，向南和向北的房间是相同的，即从正殿的北边向南望去好像也是一个正殿，也设有龙王宝座；二是龙王神像是可移动的，能抬出庙外巡行。据说是因为芝罘湾外每年都要“过龙兵”，接受龙王爷检阅，届时将龙王爷从南屋的宝座上请到北屋的宝座上，以行阅兵之礼。

1.1.3.11　北京宣仁庙

宣仁庙位于北京市东城区北池子大街，俗称风神庙。清雍正六年（1728年）敕建，以祀风神。清嘉庆九年（1804年）重修。1984年5月入选北京市第三批市级文物保护单位。

宣仁庙是雍正帝参照龙神的祀典，专门设立用于崇奉风神的专祠。宣仁庙的建造背景源于雍正元年以来不断爆发的风灾雨害。据清史记载，雍正六年（1728年），雍正帝因念“雨旸燠寒，以风为本”，特下谕于都城择地建庙，赐额“宣仁庙”以答风神之洪庥。宣仁庙坐落于紫禁城的东北隅，与时应宫位于同一纬度上，遥遥相对。其建筑形制，依时任朝臣所议奏乃“仿时应宫式营建”。从目前现存的格局来看，宣仁庙所占基地比时应宫略狭，建筑基本参照时应宫：坐北朝南，山门、前中后三殿皆为单檐歇山式建筑，并设钟鼓楼，皆为黄琉璃瓦绿剪边。其中山门上镶嵌有“敕建宣仁庙”石额，主殿供奉“应时显佑风伯之神”，后殿供奉“八风之神”。

北京宣仁庙山门

北京宣仁庙鼓楼

北京宣仁庙前殿与后殿

北京宣仁庙前殿

北京宣仁庙街门

宣仁庙与位于其南、并排而坐的凝和庙（俗称云神庙），与位于紫禁城西侧、北长街大街路西的昭显庙（俗称雷神庙），与位于中南海紫光阁北面的时应宫（现已无存，宫内供奉龙神），合并为清代皇城祈雨庙。

宣仁庙大门坐东朝西，大殿均坐北朝南，有钟鼓楼、前殿、正殿、后殿。遗址建筑格局基本保存完好。山门前是一道一字影壁墙，山门三间，山门上方嵌有石刻匾额“敕建宣仁庙”，山门两侧砌着八字影壁；穿过山门，东西两侧，坐落着钟、鼓各一座楼亭，二门三间；再步入，前殿三间，后殿五间，后殿两旁为耳房，殿堂两侧为住持房——其营建规制为道庙。

北京宣仁庙街门侧照

1.1.3.12　海宁海神庙

海宁海神庙位于浙江省海宁市盐官镇春熙路东端，2001年6月与盐官海塘一起入选第五批全国重点文物保护单位。

据地方志记载，宋元以后海宁潮情加重。清雍正年间，海宁潮灾猖獗，塘岸屡遭冲毁，良田、民宅毁坏无数。雍正多次派遣朝内重臣和地方总督、巡抚等赶赴海宁督办塘工，抢修固塘。雍正皇帝在朝13年，共修筑海宁塘工18次，计各类塘工54080丈，用银34万余两，并为后世开创了浙西海塘的岁修制度。

清雍正八年（1730年）九月浙江总督李卫奉敕建造海神庙，在春熙门内（今盐官镇春熙路150号）辟地40亩；雍正九年（1731年）十一月竣工，占地约2.7公顷，耗银十万两。

咸丰十一年（1861年）部分建筑毁于兵火，光绪十一年（1885年）重修。现尚存庆成桥、仪门、正殿、汉白玉石坊、御碑等，仍显示着皇家督造的气度。

海神庙初建之时，虽规模不大，但气势恢宏，布局严谨，建筑规式不似一般寺庙：神庙前没有一般寺庙所有的莲池，取而代之的是一条护城河，跨河而过的是七级石桥——庆成桥，过桥是两座遥遥相对的汉白玉石坊和汉白玉石狮，石坊为仿木结构的四柱五楼式建筑，正脊镂空，飞檐戗角；主要建筑分布在三条轴线上，主轴线上依次为仪门、山门殿、正殿、御碑亭、寝宫，左右轴线上则有天后宫、风神殿、水仙阁、戏台等；正殿为五开间歇山顶建筑，陛出七级，台阶、廊栏均用汉白玉雕琢而成；拱状殿顶，布满彩绘的99个团龙团凤；殿内供奉之神皇冠珠帘，身着绘龙黄袍，双手紧握上朝令牌，俨然一幅皇帝打扮；神像旁一字悬挂着雍正、乾隆、道光、咸丰四位皇帝亲题的五块匾额；殿后的御碑亭则是雍正、乾隆父子双题的石碑。左右配殿以历代潮神水神从祀。

海神庙正殿建筑最为雄壮，建筑面积546平方米，高20米，仿故宫太和殿形式构造的，为重檐歇山顶式宫殿建筑，五楹陛四出七级。正脊为双龙抢球，并书有“保厘东海”“永庆安澜”字样。脊梁两侧有高大的鸱吻，正脊、博脊、重脊上均塑有金刚人物像和风调雨顺等与风水有关的典故。海神庙是祀传说中的“浙海之神”。正殿中设一无名海神，相传为宋元明时江南诸地祭祀的海神忠正王李禄，钱镠、伍子胥享配左右。在正殿后有八角重檐攒尖顶御碑亭一座，亭内御碑通高约五米，为汉白玉石质。碑额浮雕飞龙朱雀，双龙抢球。碑

海宁海神庙仪门及护城河

海宁海神庙正殿

身及碑座周刻飞龙、如意、万字及海水图案，精美绝伦。碑身阳面为雍正帝的《海神庙碑记》，阴面为乾隆帝的《阅海塘记》。

海宁海神庙为清朝宫殿式建筑，除中轴线的歌舞楼、庆成桥、仪门、山门殿、正殿、御碑亭、寝宫等之外，东侧还有天后宫，宫前为斋厅，后为道院；西侧则为雷神殿，殿后为池，池上筑平台，过桥为高轩，轩西为道士栖止之所，后又有戏台、水仙阁及敞厅、耳房等。

在海神庙门前石筑广场两侧有汉白玉石狮一对，旗杆二方，西侧有汉白玉石坊（俗称牌坊）两座，高8.7米，下设四柱，上按三楼，东侧坊上额曰“保厘东海”“作镇南邦”；西侧石坊上额曰“雨阳时若”“仁智长宁”。额枋及柱子均浮雕海潮纹和云纹。石狮、石坊通体雕工精细，造型优美，人称“江南独步”。

诸建筑形成整体群，为江南稀有的宫殿式建筑群，宏丽壮观，气魄非凡。

海宁海神庙御碑亭

海宁海神庙御碑亭内御碑

海宁海神庙古戏台

海宁海神庙古碑

海宁海神庙白玉石坊

1.1.3.13 长治东邑龙王庙

长治东邑龙王庙位于山西省长治市潞城东南5公里处的东邑村，2006年6月入选第六批全国重点文物保护单位。

该庙始建年代不详，金、元、明、清历代屡有修缮，所以风格杂糅，但是殿内梁架留存大叉手、平梁，基本保留了金代原建时的特点。庙坐北向南，共为两进院落，中轴线上有山门、戏楼、正殿，两侧有耳殿、厢房等，共有殿宇33间。

山门位居庙前，面阔三间，进深三间，单檐悬山顶。琉璃脊兽，筒板瓦作。琉璃以黄绿红三色为主，色彩艳丽。柱头科三踩斗拱单下昂，昂呈琴面式，耍头同昂型。明次间各施补间科，斗拱同柱头科。明间辟门，以作通道。

倒座戏楼位居山门之后，面阔三间，进深三间，上下两层，下面明间辟通道，上建戏楼，硬山顶。前后檐圆柱方额，结构精巧。屋顶琉璃脊兽，筒板布瓦装修，古朴雅致。

正殿系庙内的一个主体建筑，建于高台之上，广深三间，六架椽屋，四椽栿对前乳栿，通檐用三柱，单檐悬山顶。斗拱为柱高的四分之一，柱升起与柱侧角明显。柱头斗拱五铺作单抄单下昂，昂为琴面式，耍头同昂型。明次间各施补间铺作一朵，出四十五度斜拱。

殿内四椽栿上置平梁，用脊瓜柱，大叉手，梁架规整，结构简练，虽经后人多次重修，仍保留金代建筑风格。殿顶琉璃脊兽，筒板布瓦装修，举折平缓，出檐深远。前檐破子棂窗，隔扇门装修。殿内三壁残存人物故事，壁画依稀可见。整个殿堂气势雄伟，古朴壮观。

长治东邑龙王庙鸟瞰（魏建国 摄）

长治东邑龙王庙正殿及耳殿、厢房（魏建国 摄）

长治东邑龙王庙正殿（魏建国 摄）

长治东邑龙王庙倒座戏楼大门（魏建国 摄）

长治东邑龙王庙正殿内龙王坐像（魏建国 摄）

龙王庙布局规整对称，保存完整，神殿与戏台结合构成神庙，是北宋以后中国本土宗教场所的显著特征。

潞城东邑村龙王庙的迎神赛社定在每年农历二月初二日和六月初六日。庙会通常五天。第一天是隆重的祈雨仪式和社火表演，包括祭拜取水、晒龙王巡街、斩旱魃仪式、社火表演等；第二天正式演戏，同时庙会进行，为期三天。庙会涵盖了晋东南地区迎神赛社诸多仪式，如取水、晒龙王、斩旱魃、百戏社火、迎神演剧等。上党地区的迎神赛社持续千年而不衰，展现出民间风俗的强大生命力。

1.2 祭祀用的宫

1.2.1 涂山禹王宫

涂山禹王宫别称禹王庙、涂山祠，位于安徽省蚌埠市怀远县涂山山顶，为古涂山国所在地，也是传说中大禹娶妻及第一次大会诸侯的地方。1989年5月列入安徽省第三批省级重点文物保护单位。

禹王宫，俗称禹庙，或题为“有夏皇祖之庙”。始建于汉高祖十二年（公元前195 年）。相传汉高祖刘邦统军镇压英布，路经涂山，游览了大禹遗迹，为使后人永远怀念大禹治水之功，于是下令在涂山之巅建造禹庙。唐代时，禹王宫就已有道士居住。据记载，武则天天授三年（692年），有一位李慎羽道长，从长安引进石榴种植于当地。明代对禹王宫进行了两次大规模的扩建。清乾隆年间又进行了两次大的维修。后因历史沧桑，殿宇大都已倾圮。新中国成立后，当地政府拨款维修禹王宫，先后修复了部分屋舍和围墙，恢复了部分匾联诗刻绘画。

涂山禹王庙禹王殿及殿前香亭

禹王宫现占地3400多平方米，坐北朝南，建筑按八卦方位排列，共有五进。

第一进九间房屋，中五间等高，覆以黄色琉璃瓦屋面；山门为三间，两边有客房。

第二进为崇德院，有拜厅三间，旧时为官吏朝觐禹王，置祭祀物品及休息的地方。原厅内挂有苏辙、岳飞、黄庭坚等人的诗画，今已不存，惟东西墙壁嵌有数通碑记。东侧清静道院内有三官殿一座。殿前原有钟鼓楼各一幢，已毁。西侧纯阳道院内有吕祖殿一座，殿内原有明代木雕吕洞宾像，今已不存。殿北东壁间嵌有苏轼书《涂山诗》石刻。

第三进是禹王殿，为歇山顶式建筑，屋面原为绿色琉璃瓦，今覆以青瓦。殿内正中奉祀禹王像，皋陶、伯益配祀左右。殿内还悬有木刻诗画数轴及楹联多幅。殿前东侧有明万历二十四年（1596年）所建香亭一座，西侧有清乾隆二十九年（1764年）重修庙碑一通。大殿东侧原建有慈航殿，今已不存。西侧为长春道院，建有邱祖殿。院西侧原建有苍龙阁，为两层木架结构，上层为藏经楼和历代禹王宫住持居室，下层为历代文人墨客下榻之处。阁前现有一株垂乳银杏，雌雄同株，生机盎然，结果无核，堪称一绝。

第四进为启母殿，奉祀禹之妻启之母——涂山氏女，已毁于清末。殿前有两棵古银杏树，树内又生出楮树，其枝丫盘蜒如龙，宋代文学家黄庭坚赞为“老树参天欲化龙”。

第五进为上下两层的殿堂，上层为玉皇殿，下层为玄武殿。殿西侧原有碧霞元君殿，已毁于地震，今残垣断壁尚存。

禹王宫距今已有2000多年历史，是祭祀禹与启母涂山氏女的庙宇。涂山之上，有座石像，叫“启母石”，也叫“望夫石”。涂山与荆山相望，淮河从荆山与涂山之间穿过，相传大禹治水于荆涂，废堵而采用疏导之法，劈开荆、涂二山，使淮河水奔流而下，水患彻底解决，在当地留下了三过家门而不入的传说。涂山脚下的禹王村据说是涂山氏的家乡，曾数次考古发掘出新时期的人类遗址，出土了大量文物。禹曾两次会盟诸侯，所选的盟址一次是涂山，另一次则是会稽山；禹之所以把第一次诸侯会盟大会的地址选在蚌埠怀远涂山，就有报答妻子部族的意思。

涂山启母石（望夫石）

涂山禹王宫山门

历代文人名宦如狄仁杰、柳宗元、吴文魁、苏轼、苏辙、宋濂、邓石如等，均来此游览并留下大量诗文铭刻。苏轼《濠州七绝 · 涂山》诗碑刻，今珍藏庙壁；邓石如“旷览平城”等摩岩题字，仍清晰可见。元大德年间（1297—1307年），学正吴文魁《重修禹王庙记》云：“涂山严严气象，禹以神功灵德，庙食此山，其来久矣，唐大臣狄梁公（仁杰），天下正人也，毁诸淫祀二千七百余所，而禹庙巍然独存。”如今修葺后的禹王庙在宫前树立了高大的禹王塑像，供人瞻仰。每年的农历三月二十八日举办的涂山庙会，2006年12月列入安徽省第一批省级非物质文化遗产保护名录。

1.2.2　石泉禹王宫

石泉禹王宫，即湖广会馆，位于陕西省安康市石泉县老县城东门内北侧，东临江西会馆、关帝庙等古建筑，坐北向南，面向县城老街。据清道光二十九年的《石泉县志》记载：“湖广馆：即禹王宫，在城隍庙左，供禹王及周子，乾隆年建。” 距今有270余年的历史。禹王宫是由早期到陕西石泉经商的湖南、湖北商人、乡绅捐资兴建的，既是祭拜禹王的殿宇，也是湖南、湖北两省商旅为联络乡谊而创建的同乡会馆。每年正月十四日都要举办禹王庙会，祭奠禹王，祈求来年风调雨顺、国泰民安。现主体建筑保存完好，于2003年9月列入陕西省第四批省级重点文物保护单位。

石泉禹王宫是一座一进式四合院格局的传统式殿宇。由拜殿和正殿组成，建筑占地面积395平方米。整个建筑是砖木结构、硬山顶、三叠式封火马头墙。墙头上覆小青瓦，清水翘首墙脊。墙体青砖砌筑，满条满顺砌式，砖体上有“禹王宫”铭文，记载禹王宫建筑与发展的大事。

正殿三间。前檐墙体为槅扇门窗，明间六扇，次间四扇，两边用木板镶嵌。大门上方有龙首、人文故事浮雕额枋，工艺精细。 正殿进深8.8米，中间有两排混合式梁架，八根梁柱支撑。檐柱、金柱、山墙之间有木雕穿插枋和檩枋连接。正面和两山墙壁上巨幅彩绘壁画，为祥云、神龙和大禹治水场景。正面供奉大禹塑像，两边楹柱上有一幅对联：“治水引流流芳百世，勤心为政政顺千秋。”上悬匾额，书“敷土功高”四字，以彰显大禹治水对中华民族发展的影响。

拜殿三间，面宽16米，进深9.54米，前檐深1.2米。明间有六扇木雕槅扇门，次间为槛窗。大门上方有竖额，书“禹王宫”三字，整个殿宇由8根直径0.48米的檐柱、金柱支撑两排屋架，柱高10.2米，柱下有圆形、鼓形、覆盆形、八棱形、六棱重叠形青石柱础。前檐檐柱与金柱之间有扇形、月形、长方形穿插枋，枋上有瑞兽、人物故事、缠枝、书卷等浮雕，把大殿装点得富丽堂皇。柱与柱及山墙之间有额枋、檩枋连接，使屋架浑然一体，增强了殿宇的稳固性和抗震能力。 西山墙有大禹治水壁画、浮雕，全图场面宏大生动，蔚为壮观，是中华儿女对大禹开山疏洪，划定九州的纪念。体现出中华民族“自强不息”“厚德载物”的民族精神，给后人留下宝贵的精神财富。

石泉县城地处汉水之滨，自古以来，每逢雨涝时节，多受洪水之害。人们修建禹王宫，一是纪念禹王敷土功高，造福后代；二是寻求庇佑，祈福国泰民安。石泉禹王宫的建筑材料与全国各地禹建材料不同，正殿一砖一瓦都以画像《禹王宫》字样（楷书）烧制而成。各种建筑都有特殊标制，至今保留完好，具有较高的历史、艺术价值。“禹王宫”及其活动对弘扬大禹治水的精神，传承民族精神有着十分重要的意义。

石泉禹王宫拜殿外景（税晓洁 摄）

石泉禹王宫拜殿内景（引自：个人图书馆－李道平 摄）

石泉禹王宫拜殿壁画与浮雕（引自：个人图书馆－李道平 摄）

石泉禹王宫正殿廊房及山墙壁画（引自：个人图书馆－李道平 摄）

石泉禹王宫正殿大门（引自：个人图书馆－李道平 摄）

石泉禹王宫正殿大禹塑像及墙面壁画（引自：个人图书馆－李道平 摄）

1.2.3　赤湾村天后宫

赤湾村天后宫，也叫天后博物馆，坐落在广东省深圳市南山区赤湾村旁的小南山下，1988年7月列入深圳市重点文物保护单位。

天后宫创建远溯宋代，其营造气势宏伟，明、清两朝多次修葺。明永乐初年（1403年），三宝太监郑和奉明成祖朱棣之命，率领舟师远下西洋，开创海上“丝绸之路”，赤湾天后宫为其重要一站。以天后宫为中心的“赤湾胜概”是明清时期“新安八景”中的第一景。

赤湾天后宫鼎盛时计有山门、牌楼、日月池、石桥、钟楼、前殿、正殿、后殿、左右偏殿、厢房、客堂、长廊、角亭、碑亭等建筑数十处，房屋120多间，占地900多亩。

赤湾村天后宫前殿为天后宫重要建筑之一。殿面宽24米，高10多米。正门台基前面的浮雕纹样石刻，相传为宋代末年赤湾村天妃庙原建筑构件，具有极高的文物价值，是研究宋代石刻工艺的重要的实据。殿前正面有龙柱四根，每根高4.2米，全部采用我国传统石雕镂刻而成，双龙盘柱，态势生动。台阶两旁设置海神天后的守护神兽“圆雕石麒麟”两尊，寓意着天后宫的神圣与庄严。

天后宫正殿近年按“官式做法、闽粤风格、海神特点”三原则重新修复。正殿面宽24米，高16米，重檐高台，颇具王者风范，是祭祀天后的重要场所，为赤湾村天后宫最负盛名的殿宇。

天后宫前殿龙柱

赤湾天后宫正殿侧影

天后宫正殿天后塑像

天后，又称妈祖、天妃、天上圣母、娘妈，是历代船工、海员、旅客、商人和渔民共同信奉的神祇，许多沿海地区都建有妈祖祖庙。天后宫正殿内正中塑天后像，慈祥端庄，威仪肃穆，通高6米有余，上方悬雍正、乾隆、光绪皇帝御书金匾，具有极高的文物价值和艺术价值。殿前设阅台，两层台阶分别为九级和五级，以应天后神格“九五之尊”的天数；阅台中置石雕青龙一对，四周环绕龙凤石雕栏杆，雕工精美，栩栩如生。

赤湾村天后宫规模最大的祭祀活动为天后诞。天后的祭祀活动除民间外，古时官方每年春秋也到此致祭。作为当时海上“丝绸之路”的重要一站，明代朝廷曾颁文：凡朝廷使臣出使东南各国，经过这里时必定停船祭祀。另据香港鲁言等著《香港掌故》中载道：“由于赤湾天后古庙宏伟，每年农历三月廿三日天后诞辰日，香港，九龙水陆居民都前往赤湾天后庙去贺诞。”

赤湾天后宫在我国港澳台及东南亚各国享有盛誉，其拜祭风俗流传至今。

1.2.4 平海镇天后宫

平海镇天后宫俗称“娘妈宫”，因宫有108根木柱，又称“百柱宫”，位于福建省莆田市秀屿区平海镇平海村东，是湄洲祖庙分灵的第一座行祠。1996年9月列入福建省第四批省级文物保护单位，2008年列入首批国家涉台文物保护工程，2013年4月入选第七批全国重点文物保护单位。

天后宫始建于北宋咸平二年（999年），迄今已有1023年历史，是一座古老而且保存最完整的宋代宫殿式建筑原构妈祖行宫。清康熙年间，天后宫由施琅扩建，乾隆十四年（1749年）福建水师提督张天骏重修，光绪年间依制重修。坐北朝南，通面阔19米，通进深51.9米，总面积978.5平方米。为二进廊院式建筑，由大门、内庭、两廊和大殿组成，布局保持宋代“工”字布局。大殿面阔五间，进深三间，抬梁、穿斗式木构架，悬山顶。宫内立木柱108根，廊沿压石也有108条，而宫前“师泉井”也是用108块石头砌成。大门檐下沿用宋代棱形石柱，门左嵌施琅的《师泉井记》碑，门右嵌《平海天后庙重修碑记》碑碣，为研究闽台关系的重要实物。整个建筑群为研究莆田地方古建筑提供实物资料。

平海天后宫大门

平海天后宫师泉井（引自：妈祖文化网）

平海天后宫师泉井近观（引自：妈祖文化网）

平海镇天后宫主祀神妈祖，主要配祀神有：临水夫人、五帝爷、郑成功、施琅。清康熙二十一年（1682年），施琅奉命收复台湾，其所率三万余大军驻扎莆田平海海滨。此地干旱，幸得天后宫旁的师泉井为军队供应了充足的水源。施琅将军因此撰写《师泉井记》，感恩妈祖显灵赐水，并亲笔书写“师泉”石碑立于井边。

平海镇天后宫背靠朝阳山，面临平海湾，庙门与湄洲妈祖庙隔岸相望，这也是平海镇天后宫独具特色之处。天后宫大门脊檩上保留“大功德主将军靖海侯兼官福建水师提督军务施琅重建”铭文，大殿存施琅《师泉井记》勒石和乾隆十五年闽浙总督喀尔吉善撰立的《平海天后庙重修碑记》，大殿上方挂着“神昭海表”横匾和独特的“皇帝万岁万万岁”直匾，宫前有“师泉”井。

平海镇天后宫建筑气势恢宏，规模宏大，建构独特，具有较高的文物价值和历史意义。

1.2.5 汉阳禹稷行宫

汉阳禹稷行宫（禹王宫），位于湖北省武汉市汉阳区龟山东麓的禹功矶上，是武汉地区历代祭祀大禹之地，也是武汉市著名的历史文化建筑。2013年3月入选第七批全国重点文物保护单位。

据考证，禹稷行宫始建于南宋。明景泰《寰宇通志》记载：原禹王庙“在大别山（即龟山）麓，宋绍熙年间，司农少卿张体仁以此地江汉朝宗之会，乃建庙以祀大禹，而以益稷配焉”。而清人胡凤丹在《大别山志》中则说：“南宋绍兴年间，司农少卿张体仁督修大别山禹王庙。”明天启年间（1621—1627年），改禹王庙为禹稷行宫，在原祭祀大禹的基础上又加祀后稷、八元、八恺等18位

汉阳禹稷行宫大殿大禹塑像

禹碑亭

大殿轩廊置设的镇水铁牛

传说中的先贤。明天启五年（1625年），湖广布政使右参议张元芳为禹稷行宫写了碑记，禹稷行宫之名自此沿袭至今。

清同治三年（1864年），禹稷行宫再次重修，改为具有浓郁地方风格和精湛民间工艺的砖木结构建。后经历百余载风雨，年久失修，至20世纪80年代初，行宫内文物遗失殆尽，屋面渗漏，木蛀梁朽，墙体倾斜，岌岌可危。

1983—1984年，武汉市文物管理部门按照“保持现状、恢复原状”原则，对禹稷行宫进行大修。精心修葺后的禹稷行宫朱漆彩绘、雕梁画栋、古色古香。大殿中央立有玻璃钢材质的大禹塑像，背衬《禹迹图》，上悬“德配天地”巨匾，还陈列着纪念大禹治水的各种资料。大殿轩廊两侧分别置镇水铁牛和祭祀铁钟，天井中置一铁鼎。

修缮一新的禹稷行宫，是武汉地区现存不多的、具有代表性的清代木构建筑，占地面积为380平方米，由大殿、前殿、左右廊庑、天井等构成院落式建筑。正立面为砖体牌楼式（四柱三楼三门）面墙，其他三面为青砖半砌风墙。大殿为硬山顶式厅堂，正立面前檐用如意半拱装饰并承托出檐，正脊两端升山较大，但屋面无折水。天井两厢如廊式，均为单坡屋面。行宫屋面盖青小瓦，檐头屋脊装饰沟头、滴水、脊吻、坐兽等。

大殿正门及轩廊

1.2.6 泉州天后宫

泉州天后宫位于福建省泉州市区南门天后路一号，1988年1月入选第三批全国重点文物保护单位，也是我国大陆妈祖庙中第一座全国重点文物保护单位。2021年7月25日，泉州“宋元中国的世界海洋商贸中心”由第44届世界遗产大会审议通过，列入《世界文化遗产名录》，成为中国第56处世界遗产，天后宫是22处代表性古迹遗址之一。

泉州天后宫始建于南宋庆元二年（1196年），地处泉州城南晋江之滨，“蕃舶客航聚集之地”，是我国东南沿海庙宇中现存较早、规模较大的一座妈祖祖庙。

北宋徽宗宣和四年（1122年）赐额“顺济”，称为顺济宫。“顺济”者，即顺风以济之意。泉州顺济宫建后15年，南宋嘉定四年（1211年）郡守邹应龙于笋江下流造石桥，以近顺济宫，因名“顺济桥”。石桥位于顺济宫前，横跨晋江，全长一百五十余丈，宽一点五丈，桥上有石栏杆、塔幢，桥头有威武的石将军、桥堡，横匾上书“雄镇天南”四字，桥中石刻“顺济桥”三字。中外商船泊于岸边江中，首先看见的就是顺济宫和顺济桥这两座雄伟的建筑，“顺济”“妈祖”之名随之四海传扬。

元代泉州港更为繁盛，和海外通商的国家多达90余个，海上巨船入港有时多达300余艘。元代帝王为了漕运、海运的顺利，也多次诏封妈祖，以祈求妈祖的庇佑。《元史》记载，至元十五年（1278年）八月，元世祖下诏：“制封泉州神女，号护国明著灵惠协正善庆显济天妃。”元世祖称妈祖为“泉州神女”，并封其为“天妃”，妈祖的神格骤然提高。至元十八年（1281年）元世祖再次下诏，“遣正奉大夫宣德使左副都元帅兼福建道市舶司提举蒲师文册尔为护国明著天妃”，特地指派泉州的蒲师文为册封大臣，在泉州天妃宫举办祭祀和褒封天妃的典礼。大德三年（1299年）二月二十日，元文宗下诏书，“加泉州海神曰护国庇民明著天妃。”诏文中直呼妈祖为“泉州海神”。妈祖的海神职位进一步明确。天历二年（1329年），元文宗又命翰林院拟定祭文遣官赍香诣宫致祭。

泉州天后宫牌楼

泉州天后宫妈祖像

明代泉州港仍然是全国的一个重要港口。洪武三年（1370年），泉州复设市舶司，专通琉球（现日本冲绳县）。此后，又“以诸番贡使益多”，在天妃宫附近的车桥村设置“来远驿”，专门接待琉球等国的外宾。为了帮助琉球开发经济文化，洪武二十二年（1392年），明太祖“敕赐闽人三十六姓”定居琉球。这三十六姓中，泉州人占了相当一部分，如南安的蔡氏，晋江的李氏、翁氏等，他们在琉球担任通事（翻译），传授操舟技术和文化知识。当时明政府规定，凡是封舟必须安放天妃神像，开洋前正副使必须先到出口发港的天妃宫祭拜。封舟到达目的地，正副使必须恭奉船内的妈祖神龛上岸，安放于所在国的天妃宫，借以朝夕膜拜。

明永乐五年（1407年），三保太监郑和第二次出使西洋时途经泉州，遣使祭拜妈祖，因天妃宫“历岁既久，寝以倾颓”，特奏请“令福建守镇宫重新其庙”。永乐十三年（1415年），郑和部属“少监张谦使渤泥（今北加里曼丹岛）得乎州，发自浯江（泉州），实仗神庥，归奏于朝，鼎新之”。永乐十五年（1417年），郑和第五次下西洋再次途经泉州，在依制祭拜妈祖之后，又去灵山伊斯兰圣墓行香，祈求祖先灵圣庇佑。郑和行香所立碑石至今尚在。嘉靖十九年（1540年），郡人徐毓集资大修，先修正殿五间，重建寝殿七间，凉亭四座，两厢三十间，东西轩及斋馆二十八楹。于嘉靖二十三年（1544年）落成。

清代，靖海侯施琅奉旨东征台湾，统一祖国。他兵分三路出击，其中一路在泉州十五都围头平定台湾后，施琅感念涌潮济师之神恩，在自己的同乡、福建水师提督万正色题请未准之后，再次上书康熙帝请封，历数妈祖助顺神迹。康熙二十三年（1684年）八月十四日，“以将军侯福建水师提督施琅奏，特封天后”，钦差礼部郎中雅虎等，赍御书香帛到泉州庙及湄洲祖庙致祭。自此，泉州天妃宫改称天后宫。

施琅将军，对天后宫进行重修和扩建。嘉庆二十一年（1816年）署泉州府事徐汝澜以栋宇漶漫，非复旧观，倡捐再次重修。道光年间清文宗加封妈祖为“天上圣母”，泉州天后宫又进行了大规模的修建。

泉州天后宫被认为是海内外建筑规格最高、规模较大的祭祀妈祖的庙宇。天后宫正殿，虽历经沧桑，但明清木构建筑至今依旧保存完好，而且保留历代构件。正殿占地面积635.5平方米；筑于台基座，高出地面1米，采用花岗岩石砌筑的须弥座，束腰处浮雕雕刻刀法熟练，生动活泼。殿内木梁骨架，立于圆形花岗岩石柱，柱头浮雕仰莲连珠斗，挑出斗拱承托梁架作九架梁，建筑结构比较特别，空间变化很丰富，门窗弯枋雀替，雕花精致细密，纹饰丰富多彩。既有几何图案，又有花卉水族、鸟兽人物，托木部位有凤凰戏牡丹，寿梁中作如意访心，凸现女性神庙。殿内油漆用朱地画“暖八仙”之一的钟离及如意相间图案，其绿地雕彩西蕃莲及喜鹊登梅图案，有吉祥的象征，有的图案作异兽，寓意“益寿”。殿内础浮雕，更是琳琅满目，包括八骏、八宝、傅古鸟龙、各种花卉、水族鱼龙等等。殿顶筑九脊重檐四面落水的歇山式，正脊是天后殿最高点，两端五彩瓷型双龙戏珠，造型精美，光泽鲜艳，展现整个大脊龙的至高题材，四岔脊头组合凤凰图案，对应大脊成龙凤呈祥，背面作人物故事，配以龙凤、麒麟、玄武、双虎，体现了吉祥如意，庆贺长寿的寓意，为闽南建筑艺术之一绝。

东西两廊原置配神二十四司，现改为闽台关系史博物馆陈列室。寝殿又称后殿，地势比正殿高出1米多，两侧突出部位设为翼享，左右斋馆。整座殿宇系明代大木构建筑，屋盖为两坡面的悬山楔，面阔七间，宽35.1米，进深19.8米，高8米许，木质梁架粗大古朴，大木柱置于浮雕仰莲瓣花岗岩的圆形石础之上。殿前檐

泉州天后宫大殿侧景

泉州天后宫匾额（一）

泉州天后宫匾额（二）

泉州天后宫正殿内景

泉州天后宫寝殿（后殿）印度教石柱

柱保存一对十六面青石雕的元代印度教寺石柱，估计是明代翻修时称置。柱上接木柱，刻有楹联“神功护海国，水德配乾坤”。正面原悬挂有明代大书法家张瑞图书“后德配天”的横匾，属国家木构建筑之瑰宝。

泉州天后宫是台湾省各主要妈祖宫庙的分灵祖庙，每年妈祖诞辰（农历三月廿三日）前后都是一年中进香团最多的时候，每年都有超10万海内外信众前来参拜，其中很大部分是来自海峡对岸的信众。

每年正月十五日元宵节天后宫还会举行隆重的“乞龟”活动。拜亭前会用上千斤的大米堆出龟的形状，以祈求延年安康，并用凤梨拼接成两条龙，而正门前抬高的方寸之地则转变为舞台。

泉州天后宫是祭祀海神妈祖的庙宇，也是世界范围妈祖信仰的重要传播中心，见证了妈祖信仰伴随海洋贸易的形成和发展历程。

泉州天后宫东西两廊内景

1.2.7 天津天后宫

天津天后宫建于元泰定三年（1326年），原名天妃宫，俗称娘娘宫，历经多次重修，是天津市区最古老的建筑群，也是中国现存年代最早的妈祖祖庙之一，与福建省莆田市湄洲妈祖祖庙、台湾省北港朝天宫并列为我国三大妈祖庙。1954年8月，天后宫列入天津市第一批市级重点文物保护单位。

天后宫坐西朝东，面临海河，从东向西，主要建筑包括戏楼、幡杆、山门、牌坊、前殿、大殿、藏经阁、启圣祠以及钟鼓楼、配殿和张仙阁等。主体建筑是大殿，建造在高大的台基之上，中间面阔三间，进深三间，7檩单檐庑殿顶，前接卷棚顶抱厦，后连悬山顶凤尾殿，是典型的明代中晚期木结构建筑风格。

天津是海运漕粮的终点，是转入内河装卸漕粮的码头，海运漕粮，漕船海难不断发生。元泰定三年（1326年），皇帝下令建天后宫（当时叫天妃宫）于天津海河三岔河口码头附近，供人们奉祀海神天后。水工、船夫、官员在出海或漕粮到达时，都向天后祈福求安。

天后宫的主要功能是祈求航海安全，是历代海祭中心，也是古代船工和海员娱乐聚会的场所，除了举行隆重的祭祀海神天后的仪式外，还经常有各种中国特色的酬神演出。在每年农历三月廿三日天后妈祖诞辰期间，会举办民间花会、庙会等。

1985年，天津市人民政府对天津天后宫进行居民动迁、文物修缮和博物馆建设，对天津天后宫内的海神天后妈祖、王灵官和四大金刚等神像进行复原。1986年元旦，天津天后宫经过重建，重新对外开放。天津民俗博物馆将天津天后宫内的配殿辟为民俗展品陈列室。

天津天后宫前殿

天津天后宫牌坊（由前殿望去）

天津天后宫戏楼

天津天后宫天王殿

天津天后宫山门

天津天后宫正殿内景

天津妈祖文化旅游节盛况

1.2.8 澎湖天后宫

澎湖天后宫位于台湾省马公市区的中央里正义街1号，是台湾省历史最悠久的妈祖祖庙。天后宫俗称妈祖宫，明代称为“娘宫”“妈祖宫”“娘妈宫”等，嘉靖四十二年（1563年），俞大猷剿倭胜利，扩建妈祖宫。1972年10月列入台湾省一级古迹类别（祠庙）。

天后宫由前殿、正殿、后殿组成。后殿名叫“清风阁”，右壁嵌入一方石碑，俗名“沈有容谕退红毛碑”。碑高198厘米，宽28.7厘米，正面刻“沈有容谕退红毛番韦麻郎”十一字，字体苍劲有力。此碑是为纪念沈有容驱逐入侵澎湖的荷兰海军这一重大事件而立，估测立于明朝万历三十二年（1604年）或翌年，是台湾现存最古老的石碑。据传该碑本立于大山屿，荷兰人于明天启二年（1622年）再次侵入澎湖时，居民恐碑受损，乃将其埋于地下。1919年重修天后宫时无意中发掘出来，乃嵌于后殿右壁。

相传元至元十七年（1280年）元世祖派兵征伐日本，遭遇台风，官兵漂散，而梦见妈祖救众，登陆平湖屿（即澎湖屿）。至元十八年（1281年）元世祖封妈祖为“天妃”，立天妃宫，设澎湖寨巡检司。

明万历二十年（1592年），倭寇侵袭沿海及澎湖。朝廷派兵围剿占澎的倭寇，取得大胜，官兵及移民重建“娘宫”。明天启四年（1624年），清政府派人驱逐荷兰人，收复了澎湖，又改建娘宫而成为现今之貌。清康熙二十二年（1682年），福建水师提督施琅率领军队进攻澎湖，打败明军。当时施琅认为妈祖显灵相助，于是奏请康熙皇帝加封。清廷据奏许准，并且特派礼部郎中雅虎专程来澎湖致祭，表示敬意。第二年，就正式加封妈祖为“天后”。从此，娘宫又称为“天后宫”，地名“妈宫”。1920年，日据时期改地名“妈宫澳”为“马公街”，从此“妈宫”成了“马公”。

澎湖天后宫前殿

澎湖天后宫前殿匾额

澎湖天后宫正殿
（图片来源：艺龙旅行网）

澎湖天后宫清风阁“沈有容谕退红毛碑”（图片来源：寺庙信息网）

清乾隆四年（1739年）立澎湖天后宫碑，福建澎湖水师协标中军柳圆撰，记重修庙宇及捐资芳名。碑高150厘米，宽72厘米，缺题。现存澎湖天后宫中。

每年农历三月廿三日妈祖神诞日，澎湖天后宫都要举办大规模的妈祖海上祈福活动，借以祈求风调雨顺，阖家平安。每年农历正月十五日元宵节，天后宫还会组织澎湖特有民俗活动——“乞龟”。当天庙方会推出肪片龟（用糯米粉加糖制成海龟式样）供人掷茭，隔年再谢恩归还。

1.2.9　台南大天后宫

台南大天后宫俗称台南妈祖庙，位于台湾省台南市中西区永福路，是主祀妈祖的道教庙宇。1985年11月，列入台湾省一级古迹（祠庙）。

大天后宫建于清康熙二十三年（1684年）。该庙宇前身为明朝宁靖王朱由桂所居住的宁靖王府邸，由郑成功之子郑经建造。清将施琅率军攻占台湾后，将平定功劳归于妈祖，在宁靖王府内供奉妈祖，并将府邸改名为大天妃宫，扩建为妈祖庙。康熙二十三年（1684年），妈祖晋升为“天后”，大天妃宫随即易名为“大天后宫”，是台湾妈祖庙中最早称“天后”者。关于康熙五十九年（1720年），列入官方春秋祭典，自此奠定了大天后宫卓尔不凡的尊贵地位。后来乾隆、嘉庆年间都曾对其进行过整修。

大天后宫由三川殿、拜殿、正殿、后殿组成。宫内妈祖神像是台湾泥塑雕像的代表之一。

台湾省有将近400座妈祖庙，大天后宫是台湾第一座官建妈祖庙，也是唯一一座列入官方春秋祭典的妈祖庙。庙中塑像、雕塑皆出自名匠之手。古匾、古联之珍贵丰富更是全台湾庙宇少见。

台南大天后宫改建于明朝的王府，气派及特色不同于其他的一般庙宇。因历代官府整修保护，文物保存较多。正门前一对石狮，刻工精细，造型独特。入口大门高大而威严，并没有传统庙宇的彩绘门神，却装有许多突起的木质乳钉，两侧是由花岗岩雕刻的八骏马和龙虎图，雄浑粗犷。

台南大天后宫

台南大天后宫正殿匾额

台南大天后宫正殿内景

台南大天后宫妈祖塑像

拜殿左右两边的墙上分别嵌有两块古石碑，其中施琅将军于康熙二十四年（1685年）所立的“平台纪略碑”是现在台湾保存的最早清碑，书写攻台之经过、安抚民心及善后处理的方法。

正殿前有一丹墀石壁，雕有飞龙，踏波腾云，颇有气势，为其他庙宇所罕见，充分显示帝王建筑的风格。

正殿妈祖两旁配祀千里眼、顺风耳二将泥雕，表情细腻，体态生动。两边的神龛里还供奉着东、西、南、北四海龙王和水仙尊王。大天后宫除了正殿的妈祖称为大妈外，还配有“二妈”“三妈”的妈祖神像，大小为大妈的一半，两眼张开，与妈祖神像眼睑呈下垂状不同。

大天后宫各殿布置雅致，石雕、木雕的柱、窗、梁都有很高艺术价值。宫中柱子形制丰富，有圆柱、方柱、八角柱，上面刻写了不同字体的楹联；柱础有方形、圆形、八角形、鼓形、梅花形、莲花座形等多种变化，并且刻有各式各样的精美浮雕。二进院有一水井，称为龙目井，至今仍有甘泉。

台南大天后宫殿脊雕饰

台南大天后宫匾额

台南大天后宫正门

台南大天后宫还有许多古碑、古匾、古联等珍贵的文物，包括雍正皇帝所赐的“神昭海表”、咸丰皇帝的“德侔厚载”、光绪皇帝的“与天同功”等御笔匾，三官大帝神龛上同治四年的“一六灵枢”匾等。古碑有施琅的《平台记略碑记》《靖海将军侯施公功德碑记》《重修天后宫增建更衣亭碑记》等8块。庙中还存有清代时期所铸的铜钟、香炉等。

1946年，台南新化大地震，大天后宫也遭波及，整修时，信徒决议拆除原有的木栅门面，并在单檐三线脊上加一假四垂屋顶，以增加气派，成为现今所见的庙檐景象。

1.2.10 锦州天后宫

锦州天后宫又称天后行宫，坐落于辽宁省锦州市古塔公园广济寺塔北侧，庙内供奉“妈祖”神像，为我国北方现存最大的妈祖庙，也是中国最北端的妈祖庙。2001年6月入选第五批全国重点文物保护单位。

锦州天后宫是带有鲜明的南方尤其闽南地区特征的北方妈祖庙建筑，呈现出北方风格与闽南风格混合的风貌。建筑布局坐北朝南，沿中轴线建有戏楼（已毁）、山门、中殿、朵殿、大殿，两侧建有东西辕门（已毁）、东西碑亭、第一进院东西配殿、第二进院东西配殿。

锦州南面为辽东湾，辽西走廊贯穿其中，是东三省通往京城的陆上门户和海陆交汇的交通要道。据史料记载，锦州天后宫始建于清雍正三年（1725年），最初是由江、浙、闽等地客商来锦后为祈求天后娘娘的保佑而为其修建的行宫，自建宫之初，一直由江、浙、闽三邦商贾组成的驻锦商务机构——三江会馆自行管理。后世又多次维修和扩建，现在的建筑均是清光绪十年（1884年）所建。

如今的天后宫妈祖像，是从福建湄州祖庙分灵而来，供南来北往的游人瞻仰，以传扬妈祖“扶危济困，助人为乐”和“弘仁普济护国护民”的精神文化。

锦州天后宫山门

锦州天后宫大殿妈祖神像

锦州天后宫石栏

锦州天后宫内景

芷江天后宫门坊

1.2.11 芷江天后宫

芷江天后宫位于湖南省芷江侗族自治县芷江镇舞水河西岸，与县城隔河相望。1979年芷江天后宫列入县级文物保护单位，1983年10月列入湖南省第五批省级文物保护单位，2013年4月入选第七批全国重点文物保护单位。

清同治八年（1869年）《芷江县志》记载了芷江天后宫建造时间：乾隆十三年（1748年）福建客民创建。天后宫原占地3700多平方米，现保存建筑面积1970平方米。天后宫坐西朝东，南北建耳室，中间三进包括戏台、正殿、观音堂，左为财神殿，右为武圣殿和五通神殿，梳妆楼已拆，建消防池。其整体建筑是清代宫殿式的建筑风格，庄严肃穆，极具宫廷的气派。

芷江天后宫门坊浮雕

芷江天后宫最具代表性的文物是门坊上的青石浮雕。门坊高10.6米，宽6.3米，呈重檐歇山顶门楼形状。两侧雄狮蹲踞，石鼓对峙；顶盖斗拱飞檐，十二金鲤咬脊，葫芦攒尖，左右青石铺地平台，围以塑有双龙、大象、金瓜饰物的石质栏杆。中间17级青石台阶紧接沿河石街，门坊上浮雕，共有95幅，大小不一，互

芷江天后宫妈祖像

相错呈，最大幅的2.62平方米，最小幅的仅0.09平方米。或龙凤狮鱼，或竹木花草，或人仙神鬼，无不惟妙惟肖，呼之欲出。华拱“鱼樵唱和”与“耕读为本”交相辉映，侧柱八幅为“八仙过海”“丹凤朝阳”“二龙争珠”“狮子滚绣球”“八王巡天”“魁星点斗”“连升三级”“麻姑献寿”等，以及不知名者多幅。门坊上方正中“天后宫”三字，用笔浑厚圆润，虽施斧凿亦曲尽书法之妙。

“洛阳桥”和“武汉三镇”两幅浮雕，被誉为“翡翠上的蓝宝石”，浮雕采用镂空与平雕相融的工艺，构思奇巧而精致。只见“洛阳桥”下波涛连天，一箬篷小舟正拍浪穿行其间，船头行至浪头之上，乘船之人或贴紧箬篷，或鼓劲搬艄，情势危急却并无惧色，桥上有数十人，见此情景，或焦急欲呼之状，或啧啧称赞首肯，神态各异。桥头城池，旗杆耸立，旗上书着“泉州府”，一边桥头礁石垒垒，石上刻有“洛阳楼”三字。整幅浮雕，将现实与传说融为一体，引人遐思，更给人以身临其境之感。“武汉三镇”是仅有0.216平方米的浮雕，将繁华的汉阳、汉口、武昌三镇尽收其中。长江、汉水汹涌澎湃，江中102艘大小船只舟来楫往，尽现百业兴旺之景象。舟子有闲谈、有对弈、有摇橹、有饮酒、有对歌，形态万千，栩栩如生。三镇沿江的旗斗上，刻有各镇的衙门名号，笔画虽细若蝇脚，却字字清晰可辨。三镇城楼房屋，鳞次栉比，无不清清朗朗。方寸之地尽显宏大场面，细微之处不失毫厘之差，其雕工堪称精湛绝伦。

进入天后神殿，妈祖端立殿中，宫内原妈祖神像已毁，现神像是一位台胞寻访芷江天后宫后，协助当地政府于1992年从妈祖的故乡——福建莆田湄洲岛妈祖祖庙分灵而来。

天后宫戏台是传统的木制结构，两边立柱上雕刻了各种人物场景；戏台边上是两排耳房，其中有观音堂、罗汉殿。

芷江天后宫妈祖殿

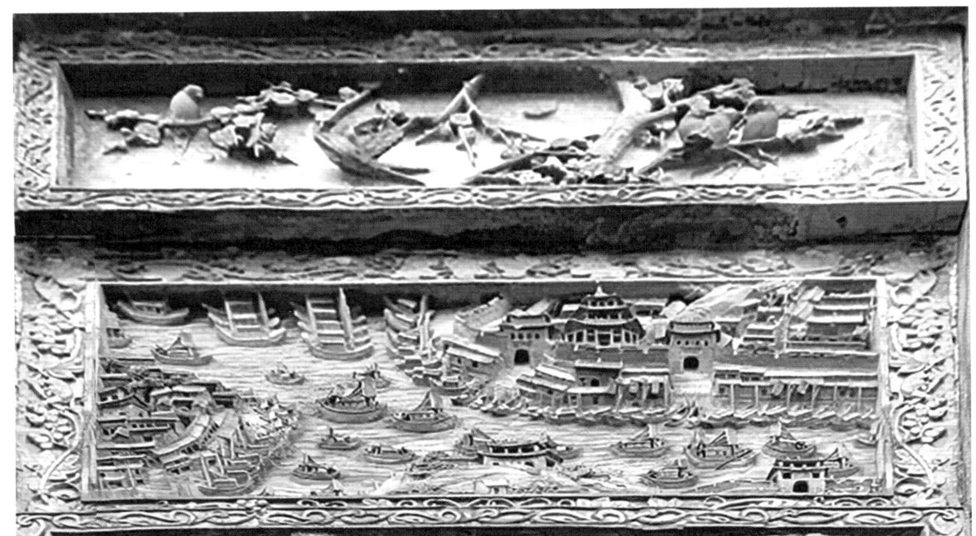

芷江天后宫武汉三镇浮雕

芷江天后宫戏台

1.3 祭祀用的寺

1.3.1 洪洞广胜寺

洪洞广胜寺坐落于山西省洪洞县，始建于东汉桓帝建和元年（147年），原名俱庐舍寺，亦称育王塔院，唐代改称广胜寺，是中国现存最为完整的供奉水神的庙宇。1961年3月入选第一批全国重点文物保护单位。

广胜寺分为上、下两寺和水神庙三处建筑。上寺在山顶，下寺在山麓，相距半公里多；下寺的建筑基本上为元代修建，上寺则大部分经明代重建。形制结构仍具元代风格。上寺由山门、飞虹塔、弥陀殿、大雄宝殿、天中天殿、观音殿、地藏殿及厢房、廊庑等组成。下寺由山门、前殿、后殿、垛殿等建筑组成。

唐大历四年（769年），中书令汾阳王郭子仪撰置牒文，奏请重建广胜寺。宋、金时期，广胜寺被兵火焚毁，随之重建。元成宗大德七年（1303年），平阳（今临汾）一带发生大地震，寺庙建筑全部震毁。大德九年（1305年）秋又予重建。明嘉靖三十四年（1555年），平阳一带又发生地震，除上寺飞虹塔及大雄宝殿遭损予以重建外，其余元代建筑均得以留存。

广胜寺内飞虹塔、《赵城金藏》、水神庙元代壁画，并称为“广胜三绝”。

飞虹塔是五座佛祖舍利塔和中国现存四座古塔之一，也是迄今为止发现的唯一留有工匠题款、最大最完整的琉璃塔。2018年8月，经世界纪录认证官方工作人员现场测量审核，该建筑被确定为“世界最高的多彩琉璃塔”。

洪洞广胜寺水神庙远望（魏建国 摄）

洪洞广胜寺远景（魏建国 摄）

《赵城金藏》是宋代第一部木刻版大藏经《开宝藏》的复刻本。这部藏经是唐代三藏大法师玄奘自天竺取回的梵文经卷中译善本，共计6980卷，今存4000余卷，全世界只此一部，被誉为“天壤间的孤本秘籍”。因其刻版于宋金时期，1933年首次被发现于山西赵城广胜寺而得名。《赵城金藏》和《永乐大典》《四库全书》《敦煌遗书》并称国家图书馆的四大镇馆之宝，文献价值非同寻常。

广胜寺水神庙是我国现存最为完整的、供奉水神的庙宇，始建不晚于唐代，水神庙内的元代壁画以祈雨、行雨、酬神为主线，具有极高的历史、艺术价值。

农历三月十八日，是传说中的水神诞辰。民谚有：“三月十八，麦怀娃娃。”这个时候，麦田管理基本结束，收麦季节快要到来，农民需要购置农用器具和生活用品，因此形成了每年农历三月十八日的广胜寺庙会。元朝时，庙会规模已经相当可观。元延祐六年（1319年）《重修明应王（大郎神）庙碑》记：三月十八日庙会，“城镇村落，贵者以轿蹄，下者以履，携妻子，与老幼而至者，不可胜既……为集数日……而后，顾瞻恋恋，犹忘归也。”至元十三年（1276年），《重修明应王殿碑》记载：“每岁季春（三月）仲旬八日，为神降日，萧鼓香烛，骈阗来享者甚众。”来广胜寺祭水神的人，很多是受益于霍泉水的附近村民百姓。从祭祀水

洪洞广胜寺飞虹塔远望（魏建国 摄）

洪洞广胜寺水神庙（魏建国 摄）

洪洞广胜寺水神庙内景（魏建国 摄）

洪洞广胜寺水神庙壁画（一）（魏建国 摄）

洪洞广胜寺水神庙壁画（二）（魏建国 摄）

洪洞广胜寺水神庙壁画（三）（魏建国 摄）

神到参观游览，从参观游览到物资交流、集市贸易，无论从物资上、精神上，都使广胜寺庙会经久不衰，越来越兴旺。

1.3.2　重庆渝北龙兴寺

渝北龙兴寺（禹王庙）位于重庆市渝北区龙兴镇龙兴场街道，为会馆建筑。该寺为渝北区历史文化研究的重要实物资料，具有重要的文物价值，于2001年列入渝北区文物保护单位，2009年12月列入重庆市文物保护单位。

龙兴寺原为禹王庙，于清代乾隆二十四年（1759年）筹建，嘉庆九年（1804年）初建成正殿和乐楼，道光二十五年（1845年）及光绪年间加固维修，现改为龙兴寺，占地面积2000平方米。

寺庙为四合院布局，坐北向南，山门为砖石结构，四柱三开，中开一方门，两侧为卷拱，自中门而进即乐楼，乐楼与山门边墙，为单檐屋顶，石柱木屋盖，铺金色筒瓦。东楼面开三间，中心阔5米，进深8米，招梁四架，四檐前后牵连，檐柱前后共8根，台边为人物、浮雕、看枋。左右两廊均为穿斗结构，长50米，进深3.5米，近乐楼处各有一耳楼，单檐歇山式屋顶，房为上下两层，木板铺楼。

渝北龙兴寺山门

重庆渝北龙兴寺五凤楼牌坊

重庆渝北龙兴寺山门远望

正殿为歇山式三重檐，中塑大禹金身，旁立诸神像。因上百年的风雨剥蚀和历史的变迁，大禹金身和诸神像已不复存在，后人重修后，改名为大雄宝殿，供奉民间佛教的众神像，即为如今的龙兴寺。

五凤楼牌坊则是禹王庙留存建筑，第一层横额木匾上，题“帝德神功”，额下横枋是九龙纹图案；第二层左右各一横匾，左为“三江既奠”，右为“九州攸同”。

1.4 祭祀用的祠

广润灵雨祠，俗称龙王庙，位于北京市颐和园内昆明湖景区，颐和园于1961年3月入选第一批全国重点文物保护单位，灵雨祠是其重要组成部分。

灵雨祠原是西湖东界长堤上的龙王庙，在明代就已经存在，当时只是一座普通的龙王庙，不过其位置非常好。明朝宋彦所写的《山行杂记》中记载：“步西湖（昆明湖旧称）堤右小龙王庙。坐门阑，望湖，湖修三倍于广，庙当其冲，得湖胜最全。”

乾隆十五年（1750年），乾隆皇帝将龙王庙重新修葺，并命名为广润祠，由此龙王庙祭祀等次逐步升格。门内正殿三间，硬山黄琉璃瓦屋面。黄琉璃瓦屋面在颐和园内为最高等级。龙王庙修缮后，乾隆皇帝多次到此拈香祈雨或谢雨，并写有多首诗作。乾隆在位的最后一年，即乾隆六十年（1795年）四月，因为祈雨有应，乾隆皇帝“诣广润祠谢雨，增号广润灵雨祠”。嘉庆十七年（1812年），嘉庆皇帝亲赴广润灵雨祠拈香，祈雨有应，不仅赐予它“沛泽广生”的封号，还命其与黑龙潭、玉泉山龙神祠一样，进入国家祀典。光绪时，慈禧由水路入园，在祠前码头下船，入祠烧香，然后再登船去乐寿堂寝宫。

广润灵雨祠山门

广润灵雨祠正殿
（引自：搜狐号 - 天涯色影人）

广润灵雨祠垂花门

广润灵雨祠南牌楼

1.5　祭祀用的观

1.5.1　都江堰伏龙观

都江堰伏龙观又名老王庙、李公祠、李公庙等，位于四川省都江堰市都江堰离堆北端，都江堰工程引水点宝瓶口即在伏龙观下方，修建年代不详。1982年，都江堰列入第一批国家级风景名胜区名单，伏龙观是其重要组成部分。1982年2月，都江堰入选第二批全国重点文物保护单位。2000年联合国世界遗产委员会第24届大会上，都江堰被确定为世界文化遗产。

位于都江堰宝瓶口处的伏龙观

都江堰伏龙观宝瓶口

伏龙观因李冰降伏孽龙的传说而得名，是纪念李冰的庙宇。伏龙观原有殿宇两重，清同治间建成李冰殿，共有主殿三重。1959年翻修时，将玉皇殿、喜雨楼合并，改建为钢筋混凝土砖木排架，一楼一底的后殿。

传说李冰父子治水时曾制服岷江孽龙，将其锁于离堆下伏龙潭中，后人依此立祠祭祀；北宋初改名“伏龙观”，始以道士掌管香火。

清同治五年（1866年），四川巡抚崇实委成绵龙茂道钟竣就（伏龙观）原屺山门基址起建通佑王（李冰）专祠，以二郎配享后殿，这与二王庙的二郎在前殿、李冰夫妇居后殿恰恰相反。因此，伏龙观又称老王

都江堰伏龙观殿脊雕饰

都江堰伏龙观雕饰

庙。伏龙观建在离堆之上，三面悬绝，一面用42级宽三丈一尺五寸石阶和开阔的大坝相连，使伏龙观显得特别雄伟庄严。主要建筑布置在一条中轴线上。建筑布局为：“东临江口之关，故灵基立其左；西瞻宝室之穴，故仙亭峙其右。正居太上之殿，中筑朝真之坛。”

前殿陈列着1974年修建外江节制闸时从河床中挖出的李冰石刻像。石像造于东汉建宁元年（168年），距今已1800多年，是我国现存最早的圆雕石像，非常珍贵。后殿陈列有都江堰灌区的电动模型。伏龙观后最高处建有观澜亭，两层八角，凭栏远眺，可见都江堰鱼嘴、索桥及岷江激流、西岭雪峰。

李冰石像用灰白砂岩琢成，高290厘米，肩宽96厘米，厚46厘米，底部有一方榨，长18厘米。石像冠冕长衣，手置胸前，面含微笑，两袖和衣襟上各有浅刻题记一行。中行为：“故蜀郡李府君讳冰”；左为“建宁元年闰月戊申朔二十五日都水椽尹龙”；右为“尹龙长陈壹造三神石人珍水万世焉”。1975年8月18日加座

都江堰伏龙观李冰圆雕石像

竖立在伏龙观正殿中。同日竖立的还有正殿右侧的堰工石像，是1975年1月18日在都江堰外闸下开挖护滩时发现。石像宽衣重袖，持插而立，通高1.85米，肩宽0.7米；插高0.28米，宽0.25米，插把长1.34米。石像头部已被冲毁，背部冲蚀严重，可能是李冰石像铭文中“三神石人”之一。正殿中的飞龙铁鼎，是唐睿宗之女玉真公主故物。鼎重约千斤，上有八条飞龙和云纹花卉，是不可多得的古代铸造精品，1978年10月移入观中陈列。

李冰石像上铭文“珍水万世焉”的字样，意为世世代代都要尊水，这是汉代蜀人记录下来的、对李冰治水核心文化精神的解读，也是李冰留给后人的宝贵精神文化遗产。

1.5.2 武陟县嘉应观

武陟县嘉应观，俗名庙宫，又称黄河龙王庙，位于河南省焦作市武陟县嘉应观乡，2001年6月入选第五批全国重点文物保护单位。

“一座嘉应观，半部治黄史。”嘉应观是我国历史上唯一记述治理黄河历史的庙观。

武陟县嘉应观山门
（杨其格 摄）

武陟县嘉应观山门及石狮像
（杨其格 摄）

武陟县嘉应观御碑亭（杨其格 摄）

武陟县嘉应观建筑群布局

嘉应观始建于清雍正元年（1723年），占地面积140亩，是雍正为了纪念在武陟修坝堵口、祭祀河神、封赏治河功臣而建造的淮黄诸河龙王庙，建筑布局效仿故宫，集宫、庙、衙署为一体。观内有雍正亲自撰文并书写的铜碑，立在一河蛟身上，意在镇恶。

嘉应观分南、北两院和东西跨院；北院为祭祀河神、巡河行宫建筑群；中轴线南北依次有山门、御碑亭、严殿、大王殿、恭仪亭、舜王阁；两侧对称有掖门、御马亭、钟、鼓楼，更衣殿、龙王殿、风雨神殿；东西跨院为河台、道台衙署；南院原有戏楼、牌坊；观西原有陈公祠；嘉应观大王殿天花板上有65幅圆形龙凤图彩绘，是前清满族艺术风格（故宫的龙凤图为满汉合璧，嘉应观的龙凤图是清一色的满族文化风格），天花板材料是檀香木，不见蛛网，不粘灰尘，鸟虫不进，所以又称做“无

武陟县嘉应观山门匾额题字为清雍正手书（杨其格 摄）

尘殿”。山门，位于嘉应观南端，为单檐歇山顶，顶部覆盖蓝色琉璃瓦，檐下为五踩重昂斗拱，外檐木质上均有彩绘，门前门牌上书有“敕建嘉应观”，为雍正手书。

清康熙六十年（1721年）至雍正元年（1723年），武陟黄河先后5次决口，康熙派雍正亲临堵口。雍正继位后，于雍正元年（1723年）命兵部侍郎、河道副总督嵇曾筠加固堤坝，并为堤坝题碑名为“御坝”，为祭祀河神、封赏历代治河功臣，特下诏书开始建造嘉应观。雍正五年（1727年），嘉应观竣工。

御碑亭，位于嘉应观南部，外形似清代皇冠，内立雍正撰文的大铜碑，高4.3米，铁胎铜面，碑周24条龙缠绕，底座为蛟。

严殿，位于嘉应观南部，是王公大臣祭祀河神的仪殿。匾额上的“嘉应观”为雍正题写。

大王殿，又称中大殿，位于嘉应观中部，为重檐歇山回廊式建筑，殿内正立“钦赐润毓”金牌，“润毓”是雍正御赐在武陟治理黄河的都御史他他拉牛钮的封号（牛钮是雍正的皇叔，也是嘉应观的首任主持），殿前有一碑为水清碑，也叫灵石碑。牛钮是治黄专家，武陟堵口修复的方案主要制定者，功劳显赫；大殿两旁供奉御封四家大王：南宋的金龙四大王谢绪、明代的黄大王黄守才、清代的朱大王朱之锡和栗大王栗毓美。这四人都是各自时期的治水名人。

恭仪亭，位于嘉应观北部，为王公大臣祭拜禹王前整理衣冠的地方。

道台衙署，位于嘉应观西院，是清朝河北道台处理治河及灭蝗事务的办公场所，设黄沁厅、2间河兵房、2间厢房。

武陟县嘉应观御碑亭铜碑
（杨其格 摄）

武陟县嘉应观严殿匾额
（杨其格 摄）

武陟县嘉应观大王殿殿前水清碑（杨其格 摄）

武陟县嘉应观大王殿（中大殿）（杨其格 摄）

武陟县嘉应观道台衙署（杨其格 摄）

武陟县嘉应观禹王阁（杨其格 摄）

河道衙署，位于嘉应观东院，是雍正治理黄河的办公衙署，设议事厅、两间执事房、马厩等。

嘉应观不单是专门祭祀黄河河神的庙宇，还是纪念表彰历代治河功臣的场所。这里有大禹、王景（东汉）、贾让（西汉）、谢绪（南宋）、贾鲁（元朝）和明朝的黄守才、白英、潘季驯、宋礼、刘天和，清朝的朱之锡、栗毓美、齐苏勒、嵇曾筠、林则徐等，均被雕塑成真人大小的蜡像，分别安置在禹王阁、大王殿和东西大殿内，享受御祭、供人们瞻仰。

1950年，嘉应观西院建立治理黄河指挥部，第一任水利部长傅作义曾在这里办公，同住于此的还有首任黄委会主任王化云、苏联驻中国首席水利专家布可夫、清华大学教授张光斗、地质学家冯景兰。修建人民胜利渠。1951年3月，人民胜利渠开始施工。1952年4月，人民胜利渠举行开闸放水典礼；同年6月，灌溉农田；10月31日，毛泽东亲临视察。

嘉应观堪称黄河文化的瑰宝、治理黄河的博物馆，2007年列入河南省爱国主义教育基地，2014年由水利部命名为国家级水利风景区。

1.6　祭祀用的坛

圜丘坛位于北京市天坛公园内，建成于明嘉靖九年（1530年）。是明清时期皇帝用来举行冬至祭天、孟夏常雩（祈雨）大典的场所。天坛建筑群1998年被联合国教科文组织认定为世界文化遗产，1961年3月入选第一批全国重点文物保护单位。

圜丘坛的主要建筑有圜丘、皇穹宇及配殿，附属建筑神厨、三库及宰牲亭、具服台等。圜丘坛的建筑形制、色彩蕴含了丰富的象征寓意，体现了古人对天的尊崇，也是中国古代采用石材建筑的代表作。圜丘的三层圆形坛面，取意象天，祭坛宽敞而平坦，周围采用更为低矮的两道壝墙，衬托出坛的高洁和天的浩渺，营造出一种至广至洁、天人合一的祭坛氛围。

圜丘坛又称祭天台、拜天台、圜丘台，是天坛最富神韵、建造最为成功的建筑之一。古时人们认为天为阳，地为阴，圜丘的选址按照古人“阳中之阳”的观念，选在都城的东南方。

天坛圜丘坛（张晶晶 摄）

明嘉靖九年（1530年）圜丘修建完毕的当年冬至，嘉靖皇帝即在圜丘举行了祭天大典。

初建成的圜丘坛整体呈蓝色，栏板、望柱及坛面砖采用的均是蓝色琉璃构件。清乾隆十四年（1749年）对圜丘进行了扩建、改建，坛面改用京郊房山的艾叶青石，栏板、望柱、出水改用汉白玉石。今日看到的圜丘基本为乾隆时期改建后的形制。

清代的雩祭主要分为两种："常雩"和"大雩"。常雩，古义为"每岁常行之礼，祭告天地神灵为百穀祈膏雨"。它又包括两类：定期和不定期。定期就是每年孟夏之月，龙星现于天空之后，占卜日期举行致祭，既使雩祭时不旱，亦为雩。不定期就是指雨量不足，因旱而雩。大雩，是专为大旱而设之雩礼，孟夏常雩之后，旱甚，则大雩——大雩礼不得轻易举行。

天坛圜丘坛（张晶晶 摄）

龙头石雕出水口（张晶晶 摄）

天坛皇穹宇（张晶晶 摄）

天坛皇穹宇正殿内景（张晶晶 摄）

雩祭发展到清朝时已形成了最完备的典礼礼制，北京天坛圜丘坛定制为历朝皇帝（除雍正皇帝）祭天祈雨的场所。

清宫档案中关于圜丘祈雨的最早记载，是清顺治十四年（1657年），顺治皇帝为祈雨而至圜丘祭天，此次顺治皇帝致祭礼毕，尚未还宫，即降下大雨。于是，顺治帝在这一年定制，“以岁旱躬祷郊坛”。

康熙皇帝即位后，继续承袭顺治时期的雩祭之礼，其在位56年，有50年亲往天坛祭天祈雨，为苍生祈福。

天坛皇穹宇东配殿（张晶晶 摄）

天坛皇穹宇回音壁（张晶晶 摄）

天坛圜丘坛棂星门（张晶晶 摄）

登封启母阙遗存

乾隆时期，对天坛的建筑、仪制进行了大规模的改制。乾隆七年（1742年），乾隆皇帝对雩祭方式进行了更改，仿照唐代雩祭礼制制定了“龙现而雩”和“大雩”之制。此后，每年“龙现而雩”之礼，历朝皇帝均遵制奉行，未有特殊原因，比如国丧、疾病等，都亲自诣坛行礼，历百余年而无悖。大雩礼，整个清代只举行过两次，分别为乾隆二十四年（1759年）和道光十二年（1832年）。

1.7　祭祀用的阙、楼、堂

1.7.1　登封启母阙

登封启母阙，又名开母阙，位于河南省登封市太室山南麓万岁峰下，是启母庙前的神道阙，1961年3月入选第一批全国重点文物保护单位。2010年包含启母阙在内的登封“天地之中”历史建筑群列入世界文化遗产名录。

启母石

启母阙为东汉延光二年（123年）颍川太守朱宠所建，与太室阙、少室阙并称为“中岳汉三阙”。汉代因避汉景帝刘启之讳，曾一度改名为开母庙、开母湖。

启母阙的北边190米处有一开裂的巨石，即是启母石，先秦《随巢子》（已佚）和古本汉代《淮南子》等文献都记录了启母石的神话。根据文献《淮南子》记载，上古时期大禹奉命治理泛滥的河水，三过家门而不入，其妻涂山氏化为巨石，巨石从北面破裂而生启。西汉武帝游览嵩山时，为此石建立了启母庙，今庙已不存。

阙是建筑在城门、墓门、宫门、庙门前的两个相峙对称的建筑物或石雕，两阙之间作为道路使用。庙阙也叫神道阙。阙由阙基、阙身、阙顶部分组成。启母阙在雕刻技法上使用了阴阳相间的弧形线条，虚实结合，形象恍惚，增强了转动的效果，突出了夏禹摇身欲变的一瞬间。这种在雕刻技法上的尝试，可谓是汉代艺术家在描绘动态形象时的大胆创造。

启母阙以凿石雕刻砌成，分东西二阙，现存高3.17米。启母阙上两方阙铭：一方为启母阙铭，一方为堂溪典嵩高庙请雨铭。

启母庙阙铭，篆书，内容分两部分，前12行为题名，满行7字；后24行为四言颂辞和仿楚辞体裁的赋，满行12字。

启母阙铭的前一部分，回顾中国古代一次触目惊心的特大洪水，鲧因用堵的方法进行治理失败而丧生；禹吸取教训改用疏通河道排洪泄水的方法，终于成功。赞颂征服洪水三过家门而不入的可贵精神，以及随着岁月

登封启母阙遗存东西二阙

的流逝和秦王朝的统一，禹和他的事迹逐渐埋没无闻的经过。后一部分着重叙述汉王朝的圣德广布天下，在这里兴祠庙祭祀神明，上天的灵应显示了种种瑞兆，风调雨顺护佑了百姓，为此立阙刻铭，使光辉业绩传之千秋万代。

堂溪典嵩高庙请雨铭，在启母阙铭下，东汉熹平四年（175年）刻。隶书，计18行，行5字。前6行已泐毁，“其言惟何”后也不存，现存11行，共55字。

铭文间隙处及其他石块上浮雕包括人物画像、幻术、骑马出行、斗鸡、驯象、吐火、进谒、倒立、饮宴、日御羲和、启母化石、夏禹化熊、郭巨埋儿、月宫、蛟龙穿环、犬逐兔、果下马、蹴鞠、鹤叼鱼、虎扑鹿、孔甲畜龙等画像70余幅。其中的蹴鞠图刻画有一个头挽高髻的女子，双足跳起，正在蹴鞠，舞动的长袖轻盈飘扬，女子两旁各站立一人，击鼓伴奏，再现了汉代蹴鞠运动的真实场面。

1.7.2 晋祠水母楼

晋祠，原为晋王祠，为纪念晋（汾）王及母后邑姜而兴建，位于山西太原市西南悬瓮山麓的晋水之滨，1961年3月入选第一批全国重点文物保护单位。

晋祠水母楼建筑群（魏建国 摄）

祠内有几十座古建筑，环境幽雅舒适，风景优美秀丽，极具汉族文化特色，素以雄伟的建筑群、高超的塑像艺术闻名于世。是集中国古代祭祀建筑、园林、雕塑、壁画、碑刻艺术为一体的珍贵历史文化遗产。

晋祠水母楼位于山西省太原市晋祠博物馆风景区内。水母楼，又称梳妆楼、水晶宫，创建于明嘉靖四十二年（1563年），清道光二十四年（1844年）重修。楼内供奉“晋源水神”，当地人称“水母娘娘”。水母楼长15米，宽11.7米，建筑面积289.25平方米，占地面积235.81平方米，坐西向东，楼高14.5米，楼分上下两层，重檐歇山顶，上下两层都有回廊。

晋水之源出自水母楼下。水母楼位于圣母殿南，与圣母殿平行一条线，是悬瓮山下第二景观系列之首。水母楼为两重阁楼，楼下一明两暗三窟北方式窑洞，中间一窟供奉铜制水母像一尊，端坐于瓮形基座上。

楼上四壁还有明清壁画，内容为水母朝观音仪仗、普降甘霖。

二层单檐歇山顶，面阔五间，进深四间。正面的明间开辟隔扇门，两次间下砌槛墙，上辟直棂窗。两山及后檐砌筑砖墙。四周用木质栏杆围绕，凭栏俯视，晋水如镜。楼内正中神龛供奉升天水母坐像，与楼下水母为一人两形（下层是人，上层为神），两旁分别塑有四尊风格别致的鱼美人侍女像。二层南北两壁绘有水母朝觐

晋祠水母楼及楼前难老泉（魏建国 摄）

观音和巡察民间水情的壁画，壁画采用通景式构图，场面开阔，水母及仙班神情自若、仪表大方，栩栩如生。二层的东檐下，挂横匾“悬山响玉”，为清乾隆年间晋祠里人杨二酉得意之作。

著名雕塑家钱绍武先生说：“水母楼彩塑，工艺技巧一般，但构思精巧，设计神妙，是世界之最。尤其八尊水母侍女，不像西方华沙美人鱼人身鱼尾生硬组合。而是运用中国独特的写意手法，整个美人身体如鱼形，在似与不似之间，与其说形似不如说神似。这种意到而笔不到的艺术神品，实在是西方现实主义、自然主义雕塑所望尘莫及的。”

晋祠水母楼前难老泉（俗称南海眼）是晋水主要源头（魏建国 摄）

晋祠水母楼一层明间入口（魏建国 摄）

晋祠水母楼一层铜制水母像（魏建国 摄）

晋祠水母楼二层北壁壁画
（引自：头条－山西青年报）

晋祠水母楼二层南壁壁画
（引自：头条－山西青年报）

1.7.3 广灵水神堂

广灵水神堂位于山西省广灵县壶泉镇南隅壶山上。1983年5月列入广灵县县级重点文物保护单位，1996年1月列入山西省第三批省级重点文物保护单位。2000年5月入选第六批全国重点文物保护单位。

水神堂原名沣水神祠，始建于明代嘉靖年间。清代乾隆年间增建文昌阁，改名水神堂。水神堂坐北朝南，占地7600平方米，主要建筑有灵应宝塔、圣母殿、禅房、文昌阁、山门、钟鼓楼、老君殿等。水神堂建筑呈八面形，每边长十三四米，建筑面积900平方米。中间主体建筑之外，门、廊、厅、室八面环筑，结构紧凑，浑然一体，大小高低不等的建筑物40多间为典型的外观八合院。

圣母殿和观音殿系合体建筑，是整个建筑群的中心，位于中轴线正中稍后，为单檐悬山式，深10.4米，广13.75米。大殿巍峨庄严，前后两面均有明柱托出爽廊，使进深加大。面南为九江圣母殿祀水神九江圣母。传说九江圣母与殷家庄塘神以镇水斗法，圣母不忍民田受旱，服输施放甘泉。人们感恩弥深，世代奉祀。从殿

广灵水神堂远望

内东西两壁的龙王施雨图来看，九江圣母已成为龙母的化身。清代碑文称壶泉湖为“龙母池”，可以证实这一点。殿内东西两壁绘有龙王施雨图，东墙壁画称为“龙母出宫降雨图”，它描绘了百姓祈雨，龙母下凡布雨的场景，各路神仙脚踏祥云、手执法器，匆匆而去，阵仗很是庞大雄伟。西墙为“雨后回宫图”，描绘了雨后回宫时的情景，众人布雨完毕，神态安详。

大殿配有东西观赏厅和龙虎廊，院内建有四丈多高的七级砖塔。东北角有一阁，登梯而上便是一个六角楼亭。

水神堂山门面南，为建筑群中轴线始端，单檐硬山式，深6.1米，广8.25米，明柱托檐，山墙砖砌。山门原有清代知县朱休度书“小方壶”竖匾，寓意此地可与海上仙境“三岛”之一的方丈（即方壶）媲美。山门前蹲着一对石狮，石狮移自涧西村，造型古朴，风格别致。中轴线北端开有后门。 山门东侧为钟楼，上悬明嘉靖五年（1526年）所铸铁钟。西侧为鼓楼，今置鼓为西宜兴村捐赠。钟楼、鼓楼下均有砖券小门，内外相通。两楼均深4.5米，宽2.45米。

广灵水神堂前壶泉湖

传说水神堂为明燕王扫北后所建，大概是在1402年；其最早记载于明正德本《大同府志》：“壶山，在广灵县城东南一里。平地一山，山下乱泉涌出。其水与壶流河水合流如壶，故名。上建‘丰水神祠’。”由此可见，水神堂已经有五六百年的历史。

1949年以前每年农历六月十八日，人们举办庙会，祈祝风调雨顺，人寿年丰。现今一年一度的县城物资交流大会，仍以此日为始期。

广灵水神堂圣母殿匾额

广灵水神堂七层灵应宝塔

會安橋

2

人 物 祭 祀 建 筑

2.1 莆田木兰陂钱妃庙、李长者庙

木兰陂位于福建省莆田市城厢区霞林街道木兰村，距出海口26公里，全长219米，采用筏型基础，用巨石砌筑拦河坝闸，是具代表性的拒咸蓄淡灌溉工程，也是中国现存最完整的古代灌溉工程之一，被誉为福建的“都江堰”，1988年1月入选全国文物重点保护单位。钱妃庙、李长者庙等均为木兰陂周边民众自发纪念治水英雄而修建的庙（祠）。

木兰陂始建于北宋治平元年（1064年），经三次营筑，于元丰六年（1083年）竣工，是一座引、蓄、灌、排综合利用的著名的古代大型水利工程，是全国五大古陂之一。木兰陂至今仍发挥着引水、蓄水、灌溉、防洪、挡潮、水运和养殖等综合功能。

全长168公里的木兰溪是闽中最大的河流，受海潮顶托影响，古时木兰溪经常泛滥成灾，给沿岸人民带来灾难。1064年，长乐人氏钱四娘捐家资万缗，在木兰溪将军滩上筑陂兴利，由于陂址选在上游出山口，未建成即被洪水冲毁，钱四娘愤而投江。不久，其同乡林从世又在下游重建，但刚建成即被海潮冲垮。1075年，县令李宏奉召主持重建，在僧人冯智日的帮助下，经过详细踏勘，将坝址选在木兰溪出山口下游约1公里处，采用筏型基础，用巨石砌筑拦河坝闸。1083年，木兰陂终于建成。因陂建在木兰山下，故而得名木兰陂。工程分枢纽和配套两大部分。枢纽工程为陂身，由溢流堰、进水闸、冲沙闸、导流堤等组成。溢流堰为堰匣滚水式，长219米，高7.5米，设陂门32个，有陂墩29座，旱闭涝启。堰坝用数万块千斤重的花岗石钩锁叠砌而成，这些石块互相衔接，极为牢固，经受900多年来无数次山洪的猛烈冲击，至今仍然完好无损。配套工程有大小沟渠数百条，总长400多公里。其中南干渠长约110公里，北干渠长约200公里，沿线建有陂门、涵洞300多处。整个工程兼具拦洪、蓄水、灌溉、航运、养鱼等功能。

莆田木兰陂俯视（刘礼文 摄）

莆田木兰陂远望（刘礼文 摄）

莆田木兰陂近观（刘礼文 摄）

木兰陂对莆田的经济文化发展尤其是农业生产，起着巨大的作用。元延祐二年（1315年）创建北渠，灌西天尾、梧塘、涵江、三江口、白塘等乡镇92个村，受益农田达到6.4万亩。

莆田先民从唐代开始开发兴化平原。在几位治水英雄的主持、带领下，先民们经过艰苦卓绝的努力和辛勤的劳动，用了几百年的时间，把昔日只长蒲草不长禾苗的盐碱滩，变成了沃壤鱼米之乡。治水英雄有功德于这方土地，受到百姓崇敬和爱戴，民众自发立庙（祠）纪念，将其当成神灵供奉。又经过朝廷褒封、赐额，列入祀典官祭。这类庙（祠）主要有钱妃庙、李长者庙等。

钱妃庙是为纪念钱四娘而建的。钱四娘（1049—1067年），福建长乐县人。宋治平元年（1064年），捐资在木兰溪上筑陂，并开圳一，沟三十六。1067年陂成，随后被洪水冲垮，钱女愤而投水自杀。尸体被洪水冲到沟口（在今新度镇），乡人把她埋葬在附近的山上，并在旁边立祠，是为香山宫。又祔祀于李长者庙（该庙宋淳祐间更建前后两室，前祀长者，后祀钱氏，赐额“协应”）。元延祐中以南岸见思亭为长者庙，以故庙专祀钱氏女，今在木兰陂纪念馆西边。元朱德善《游木兰陂》诗：“二神共殞东西庙，一水平分南北溪。”宋景定初封惠烈协顺夫人。清道光八年（1828年）奏入祀典，东作时（春季）有司致祭一次。

钱四娘是第一个在木兰溪上筑陂的人，首创之功不可没，不能以成败论人。宋刘克庄《协应钱夫人庙记》中记述：“障三县之水，由圳连沟灌之，余干之入海，本钱之谋。”这就是说，在木兰溪治理上，钱四娘首创“筑陂拒咸蓄淡，开沟引水灌溉南洋平原，溪水大时由陂入海”的思想，为后继者所采纳，并获得成功。她带领先民们开挖的三十六条沟，后来为李宏所用。有关她的传说，至今仍在民间流传，钱妃庙的香火迄今不断。

钱妃庙鸟瞰（引自：2020 年 12 月 25 日《莆田侨乡时报》）

李长者庙是为纪念李宏而建的。李宏（1042—1083年），福建侯官（今闽侯县）人。宋熙宁八年（1075年），捐资建木兰陂，又开大沟七、小沟壹佰壹玖，为四斗门以备蓄泄。于元丰六年（1083年）建成完整的木兰陂水利工程，灌溉南洋平原，目前仍在发挥作用。宋林大鼐《李长者传》记述：“自是南洋之田，天不能旱，水不能涝。”“由此屡稔，一岁再收。”到元代又分水入北洋，开发北洋灌区。李长者积劳成疾去世后，乡民德之，塑像立祠于木兰陂南岸。宋元丰七年（1084年），知军陆衍奏请朝廷，建义庙专祀李宏并行春秋二祭。宋宣和年间太守詹时升曰李长者庙，淳祐间皇帝赐额“协应”。景定三年（1262年）封惠济侯。明弘治间列入祀典，岁致一祭，清代春秋二祭。

李长者庙（协应庙）于“文化大革命”期间遭到破坏，1979年，福建省人民政府拨款整修，重塑钱四娘、李宏、林从世、冯智日光贤圣像，并搜集流散的25面碑刻展示。1983年，莆田县人民政府将此庙辟为木兰陂纪念馆，陈列陂史和有关文物，保存有各代名人撰写的历次修陂碑石。

钱妃庙山门（引自：2020年12月25日《莆田侨乡时报》）

李长者庙

2.2 神木二郎山二郎庙

神木二郎山二郎庙位于陕西省神木市二郎山上，2003年9月入选陕西省第四批省级重点文物保护单位。

神木市西有窟野河，二郎山与神木市隔河相望。该山因形似驼峰亦得名“驼峰山”，当地人则称为“西山”。山上庙宇林立，其中尤以二郎庙享名日久，“二郎山”之名便由此而来。

神木二郎山二郎庙始建于明正统年间（1436—1449年），明万历、清乾隆、道光年间相继补修。

二郎庙正殿三间，左右配殿各两间，东西庑殿各三间，有钟鼓楼、山门、照壁各一处，主奉赵昱（赵二郎），以镇水患。清乾隆四十年（1775年）改为三圣庙，有关羽、赵公明配受香火。道光十五年（1835年）重修，20世纪40年代又加修葺，并确立以土地为庙事养廉。

二郎山山脊前后一公里现存有明清以来庙殿亭阁百余间，具有较高的艺术和历史价值。每年农历四月初八日、六月二十二日举行盛大的庙会，以报二郎神的恩德，且希望他能永保人民平安。

神木二郎山二郎庙（引自：旅泊网）

神木二郎山二郎庙正殿大门

神木二郎山二郎庙正殿

神木二郎山二郎庙三教殿
（引自：旅泊网）

2.3 平遥二郎庙

平遥二郎庙位于山西省晋中市平遥县北大街79号，是供奉二郎神的道教庙宇，创建于清代。平遥县为第二批中国历史文化名城，1997年12月3日，平遥古城列入联合国教科文组织世界文化遗产名录。平遥二郎庙是平遥历史文化名城与世界文化遗产的重要组成部分。

平遥二郎庙坐西朝东，三进院落，整座庙宇面积3000多平方米，由山门殿、正殿、玉皇殿、列宿殿、元辰殿、元君殿、东岳殿等十余座殿堂组成，结构严谨，气势恢弘。台阶前有华表、石狮等雕刻，檐廊墙壁绘有二郎神长幅壁画，房顶及墙壁用彩色的琉璃瓦装饰。整个建筑群雍容华贵，气度非凡。

进入第一进院落，正面即为精美绝伦的二龙戏珠砖雕影壁。影壁前是十二元辰图，正中间为太极八卦图，周边十二元辰搭配十二属相。钟楼、鼓楼左右侧对峙。土地殿、神马殿修建于两边。神马殿供奉着神马，神马本是岷江中兴风作浪的龙神，被二郎神驯服而变为其坐骑，充分体现了二郎神的神武和地位。

平遥二郎庙山门殿

秦国蜀守李冰次子李二郎塑像

平遥二郎庙正殿

第二进院即二郎庙正殿，坐落于高高的月台之上，是平遥二郎庙整个建筑群的主建筑。琉璃殿顶，石刻护栏，精美绝伦，檐下匾额“灵佑苍生”，楹联为“圣德英名垂万古，威灵昭感镇千秋”。月台上一尊船形铁香炉，庭院正中间摆放一尊鼎形天地炉和一对铁旗杆。二郎神是二郎庙正殿内供奉的主神。二郎神供奉由来已久，秦朝时李冰次子李二郎帮助父亲修建都江堰，死后被人们奉为二郎神。唐代以后，二郎神被历代帝王不断加封，成为人们心目中勇敢与正义的化身。

第三进庭院正中间是玉皇殿，屋檐下牌匾“道统诸天”，楹联“击金钟群仙聚会，敲玉鼓万神来朝”。前面有一尊船形铁香炉和一对石头做的灯笼。庭院北边是元君殿，供奉主神为碧霞元君，她是东岳大帝的女儿，民间俗称泰山娘娘。南边是东岳殿。玉皇殿两边建了三星、财神两座耳殿，彰显着二郎神在诸神中的地位。

20世纪50年代，平遥二郎庙作为小学校舍使用。2008年平遥二郎庙得到了全面修缮。

在我国二郎神的信仰由来已久，二郎神是道教正神，二郎庙是道教的寺观，供奉的主神是秦国蜀守李冰的次子李二郎。秦时，面对成都平原的岷江流域水患，秦国蜀守李冰决意治理，次子李二郎积极协助。经过父子的不懈努力，终于建成了举世瞩目的防洪灌溉综合性水利工程都江堰，为后来的四川赢得了“天府之国”的美称。李二郎死后，百姓视其为神，建二郎庙以纪念。后由于受到《西游记》和《封神演义》的影响，二郎庙祭奠的也有三只眼且神通广大的二郎神杨戬。

平遥二郎庙山门殿后为精美的二龙戏珠砖雕影壁，影壁前是一块罕见的十二元辰图，中间为太极八卦图，周围有十二位元辰神配以十二属相。两旁是钟鼓楼，左右对峙，高高耸立。

平遥二郎庙鼓楼

平遥二郎庙二龙戏珠砖雕影壁

2.4 渔梁坝坝祠

渔梁坝坝祠，又名崇报祠，坐落在安徽省黄山市歙县徽城镇渔梁村渔梁街上，紧邻渔梁坝，是古代渔梁坝坝祠。渔梁坝作为唐至清时期古建筑，2001年6月入选第五批全国重点文物保护单位名单。坝祠是渔梁坝的重要附属建筑。歙县徽城镇渔梁村等24个村于2005年列入第二批中国历史文化名村名单。

光绪三十一年（1905年）修坝后，知府黄曾源题额曰“崇报立达”，并作修坝记，勒碑于祠，故称“崇报祠”。渔梁坝坝祠现存建筑物建于清末，三进三开间。祠内祀奉宋以来有功于修坝事业的缙绅官吏。作为渔梁坝和义捐功德碑、记事碑陈列之所的崇报祠，陈列有高3米、重1.8吨的明万历三十五年（1607年）《重修渔梁坝题名碑》。

渔梁坝是歙县古代最大的水利工程，该坝始建于唐代，距今有近1400年的历史。隋唐时期，徽州人祖先、越国公汪华徙新安郡治于歙县，并筑坝截流，为水上军需民用。南宋绍定二年（1229年），袁甫复委派本州推官赵希恕督办修建渔梁坝，开始用石材筑坝。明弘治十四年（1501年），“尽去坝心灰沙”，成为全部砌石的重力滚水坝，此后又多次修葺。明万历三十三年（1605年），重建渔梁坝，修坝记事碑可考。渔梁坝全部用花岗岩石层层垒筑而成。它们垒砌的建筑方法科学、巧妙，每垒十块青石，均立一根石柱，上下层之间用坚石墩如钉插入，这种石质的插钉称为“稳定”，也称元宝钉。这样，上下层如穿了石锁，又称“石榫”，也称“燕尾锁”，互相衔接，极为牢固。每一层各条石之间，又用石锁连锁，这样上下左右紧连一体，构筑成了跨江而卧的坚实的渔梁坝。坝中间有开水门，用于排水。渔梁坝横截练江，使坝上水势平坦，坝下激流奔腾。坝南端依龙井山，北端接渔梁古镇老街。这条老街至今保存完好，是典型的徽派民居布局，青石板路往河边一侧有许多岔口，拾级而下，便可下到渔梁古镇。

渔梁古镇或者说古徽州城最为巧夺天工的人间胜迹当数渔梁古坝，它是新安江上游最古老、规模最大的古代拦河坝。“渔梁”因渔而梁，继梁而坝，村因梁名，地因坝转。有了梁坝之后就有了物流，带来了经济发展。说到渔梁就不得不提渔梁坝，渔梁街下行即是有着“东南都江堰”之称的渔梁坝。渔梁坝始建于隋末唐初，最早是以木为坝，坝长143米，底宽27米，顶宽4米，高5米，用大块的条石垒砌而成，石块之间加以石锁固定，又称“石榫”，横向固定的为“燕尾锁”，纵向固定的为“元宝钉”。

渔梁坝精妙的建造结构和顺应自然的选址，使之稳固地横卧在江上，数百年不倒。古建筑专家郑孝燮先生称“渔梁坝足以和横卧在岷江上的都江堰相媲美”，使渔梁坝有了“东南都江堰”的美称。渔梁坝为徽州地区发挥了重要的水利航运作用，也为经济发展起到了积极的推动作用。明清时期直至现代公路开通前，渔梁坝热闹非凡，坝下最多时停靠300余艘船只，水路交通的繁荣推动着渔梁古镇的发展，最终使这一带形成一个热闹的商业街市，其中号称徽商四大行当的盐、茶、木、典当诸业在商业街占有突出地位。

渔梁坝坝祠“崇报立达”匾额

渔梁坝坝祠（崇报祠）

渔梁坝

會安橋

3
历代镇水建筑

3.1 灵武镇河塔

灵武镇河塔位于宁夏银川灵武城区，与银川西塔（承天寺塔）相对而称为东塔，为一座八角13层空心厚壁楼阁式砖塔。塔体有砖刻“镇河”二字，又名镇河塔。1963年2月列入宁夏回族自治区第一批自治区重点文物保护单位。

灵武镇河塔建成于乾隆四年（1739年），距今已有280多年的历史。塔门面西，塔身通高43.6米，塔底直径13.5米。塔室内底部有一口浸水井，水井上方有木梯可盘旋而上，越往上层，腹径越小。一至二层绘有人物、花卉、飞鸟等图案，第三层有雍正三年（1725年）刻制的佛经金刚咒文、募捐者姓名及其施舍钱两数目。往上塔身逐级收缩，每层有七层悬砖与三层棱角牙砖出檐，各层转角处的木铎龙头上悬挂有铜、铁铸风铃。在塔顶八面砖雕琉璃莲花座上，托有绿色琉璃宝葫芦形顶。塔外壁为米黄色，显得玲珑、古朴、壮观。塔内留有望窗7处，室内受光均匀，体现出古代匠人的精巧技艺。

镇河塔周围建有天王殿、观音殿和大雄宝殿，八卦罗汉殿围绕塔身而建，内塑十八罗汉，形态各异，罗汉簇拥的睡佛，神态安详。殿堂周围墙壁上绘有以佛经故事为内容的彩色壁画，画中人物形象逼真生动。

光绪二十二年（1896年），地方绅士许相等人提出“无下殿不足壮观”，建议修下殿。两年后在上殿对面依次建成中殿、下殿。1935年后，又在塔身旁建起一座八卦亭。

灵武镇河塔侧面（引自：搜狐 - 银川文化）

灵武镇河塔正面（引自：搜狐 - 银川文化）

每年农历四月初八日、七月十五日举办传统庙会。著名古建筑学家张驭寰所著《中国风水塔》一书中，把宁夏灵武镇河塔列为沿黄河城市以“镇河”命名的风水塔。

3.2 上海泖塔

泖塔位于上海市青浦区沈巷泖河中张家圩村（太阳岛），距青浦城区13公里，1962年9月入选上海市文物保护单位。1998年，泖塔被国际航标协会理事会批准为100座世界历史文物灯塔之一。

泖塔以泖为名，源于泖湖。古代泖湖广袤，分为上、中、下三片，故称三泖，有圆泖、大泖、长泖之称。唐宋时泥沙沉积淤塞，今仅存黄浦江上游的一条河道。唐乾符年间（874—879年），有老僧如海在湖中小洲上垒石筑基，建塔五层，方形、砖木结构。塔每层两面有壶门，另两门则隐出，各层方向相互转换。壶门过道上有砖砌叠涩藻井。塔身夜间悬灯，作为航标，又凿井筑亭，煮茶供客。初名澄照塔院。南宋淳祐十年（1250年）泖湖之滨建福田寺，塔属寺。明天顺年间（1457—1464年）修塔院。嘉靖年间（1522—1566年）建大雄宝殿，又有信士林茂修塔。万历年间（1573—1620年）陆续添建藏经阁、放生台、伽蓝殿、潮音阁等，成为具有一定规模的佛寺。

民国七年（1918年）寺尚在，塔身仍完整，飞檐四翘，后因年久失修，砖身虽固，腰檐破残，平座木结构大部分残落，栏杆均失。平座下有菱角牙子之迭涩三道。塔刹部分仅存仰盘相轮。自宋以后，历代名人文士为寺题额，有赵佶题“云山堂”、朱熹题“江山一览”、赵孟頫题“方丈”、董其昌题“小金山”、李待问题

上海泖塔

上海泖塔塔角

“浸月藏烟”。明代书画家文徵明有诗：“昔年如海有遗迹，五级浮屠耸碧空。三泖风烟浮槛外，九峰积翠落窗中。夜课灯影疑春浪，秋净铃音报晚风。老我白头来未得，几回飞梦绕吴东。”

1995年11月泖塔开始修缮。1997年，泖塔经修复得以恢复原貌，塔高29米，共五层，为砖木方塔，整体建筑具有唐代风格。

3.3 常熟聚沙塔

聚沙塔，原称“聚沙百福宝塔”，位于江苏省常熟市梅李镇东街浒浦塘畔，临常浒河。梅李镇原地处长江江滩，聚沙塔作为镇江之宝，镇潮水冲激，故取名“聚沙塔”。2013年4月入选第七批全国重点文物保护单位。

聚沙塔为南宋绍兴年间（1131—1162年）邑人钱道者所建。塔有八面七层，高20多米，系仿木塔楼阁式砖木结构。清代，塔檐、塔顶残毁，塔身逐渐破败倾斜。新中国成立后，常熟市、梅李镇两级政府在1993年完成塔身纠偏扶正工程，1997年又完成全面修复工程，2000年基本完成建造塔苑工程。

常熟聚沙塔

常熟聚沙塔正面

修复后的聚沙塔七级八面，塔室正方形，无塔心。底层正方位开门，其上各层相闪开四门。二层以上挑出木构腰檐和平座，底层副阶周匝，是一座砖木混合结构楼阁式塔。修复后塔高32.83米，底层对边4.12米。外壁每面用槏柱分作三间，明间辟壸门或隐出破子棂假窗。各层塔室依次调换45度，门窗亦随之交错。塔檐为江南通行的宋塔做法，仔角梁上皮与老角梁上皮呈弯起状，尤显宋代特征。底层外壁下部作砖雕须弥座，平座下施永定柱，是少见的宋制遗构。

聚沙塔下原建有“法云禅寺”，北有古银杏两棵。后寺院塌毁，银杏尚存一棵。1986年11月起，梅李镇政府依塔修建农民公园，公园取古塔之名为“聚沙园”，经过数年的建设已颇具规模。2000年11月，“聚沙塔影”被评为新“虞山十八景”之一。

3.4 涿鹿镇水塔

涿鹿镇水塔位于河北省涿鹿县张家河村四面环山的常家梁沟中高地上，1993年7月列入河北省第三批省级文物保护单位。

涿鹿镇水塔是一座八角仿木结构密檐式砖塔，现存七层，残高约15米。涿鹿镇水塔没有发现塔铭，塔原名与建造年代无考，根据形制推测建于辽代。塔基下部埋于土中，首层塔身四面设有假门，余面设盲窗，檐下施五铺作双抄斗拱，制作精致，体现了高超的建筑艺术水平。涿鹿镇水塔每层檐均施四铺作砖雕斗拱，每层椽飞亦如实做出。该塔旁边是桑干河，地势险要，经常山洪暴发，四方乡民集资，修造此塔，以镇山洪，故名“镇水塔”。镇水塔东北方向开拱形门，人可入其内，传说塔下为一深不可测的水井，闻其有声，现已填平。镇水塔藏于深山之间，历经千年风雨，能够留存，实属不易。

1997年，文物部门对塔基和第一层进行了加固维修，使用了水泥、红砖等材料，但加固效果不是很好。塔身目前略向南倾斜，可能与前些年的盗掘（盗洞已填平）以及南侧山坡水土流失有关。该塔是十分珍贵的物质遗产，需要尽快得到抢修与保护。

涿鹿镇水塔

3.5 广安白塔

广安白塔位于四川省广安市城内，是一座镇水宝塔。这座石塔为宋代四方九级楼阁式砖石混合结构舍利塔，高36.7米，底层长6.8米，坐落在城南两公里的渠江耷子滩上。2013年4月，广安白塔入选第七批全国重点文物保护单位。

据可考证的史料记载，南宋淳熙至嘉定年间（1174—1224年），渠江耷子滩附近常出现翻船等灾难，人们以为是水患作怪，于是时任资政殿大学士的安丙主持修建了白塔，并在塔内塑了很多佛像以镇水患。塔身第六层临江一面还刻有“如来须相，舍利宝塔”八个字。白塔一至五层用条石砌筑，六至九层用砖石砌筑。尽管

广安白塔

广安白塔远望

上下用材不同，但塔身各层造型基本一致，从上到下逐渐内收，使得整座塔和谐自然。《广安州志》记载：“州南五里渠江口，宋资政大学士安丙建此塔以镇水口……塔内有宋军官王景实绍定元年正纪游题刻，明御史杨瞻、吴伯通、陆良瑜有诗。旧志十六景曰：白塔凌云。”明代吴中龙赞道：“浮图高耸接天幽，素影层层映碧流。竹径斜穿通古寺，柳丝轻曳拂渔舟。遥瞻雉堞重云合，俯瞰渠江一线收。雅倩人工扶地脉，巍巍文笔壮千秋。”

俗话说：“天王盖地虎，宝塔镇河妖。”古人认为之所以有水害是因为江河湖海里面有妖怪，所以修在近河地方的宝塔大多是用于镇妖。

3.6 淮安镇淮楼

淮安镇淮楼雄踞江苏省淮安市淮安区城中心，是古城淮安的象征性建筑，当地人俗称鼓楼。它始建于北宋年间，距今800多年，清代为镇压淮河水患，始名镇淮楼。现镇淮楼被辟为淮安市淮安区博物馆展览厅，楼四周建成市民公园。2002年10月，镇淮楼列入江苏省第五批省级文物保护单位。

镇淮楼始建于北宋年间，原为镇江都统司酒楼。宋代淮安（现淮安市淮安区）“扼江北之要冲，为南北交通之孔道”，纵贯淮安全境的大运河，是当时南北交通的命脉。南粮北运，要从运河穿长江，越淮河，才能北上。船只以到淮安视为安全，无论文武官员、显宦世家、巨商富贾、文人墨客和僧道名流，都要登楼祭酒，以庆幸运。在元代，淮安“置总管府，用以控制南北舟车转输”，楼上便悬挂“南北枢机”“天澈云衢”的金字匾额。明代楼上置“铜壶滴漏”，用以报时，故又名“谯楼”。后又置大鼓专伺打更、报警，故又称为“鼓楼”。

清代乾隆年间（1736—1795年），因水患不断，人们为震慑淮水，将其更名为“镇淮楼”。现存建筑为清光绪七年（1881年）十月重建式样，但在原有基础上有所扩大。

淮安镇淮楼远望

淮安镇淮楼楼门匾额

祁县镇河楼（引自：搜狐－中式营造）

祁县镇河楼仰视（引自：搜狐－中式营造）

镇淮楼坐北面南，底座为砖砌基台，长28米，宽14米，高8米，略呈梯形，坚实稳重。基台正中为拱形门洞，宛如城门。东西两侧为拾级而上的方砖踏步。基台上是两层砖木结构的高楼，面阔三间，楼高18.5米，楼顶为重檐九脊式，四角饰有翘起的龙头。

3.7 祁县镇河楼

祁县镇河楼俗名回门楼，位于山西省晋中市祁县城东北7.5公里的贾令镇。镇河楼正好建在五里长街的南端，历史上是“川陕通衢”的必经之地，古“昭馀胜景”之一。2019年10月，祁县镇河楼入选第八批全国重点文物保护单位。

祁县镇河楼为三层四檐歇山顶阁楼式建筑，坐北朝南。楼东西长15.5米，南北宽13.5米，面宽五间，高达15.5米。镇河楼的第一层有砖砌拱门，门洞长8米，宽3米，南北贯通，古为行人车马的通道。楼的四周有18根明柱以支撑上部的木结构建筑，楼顶为歇山式建筑，琉璃装饰，翼角层层上翘，斗拱排列整齐，整体古朴雄伟。

镇河楼是为镇压昌源河“河灾”而修建的，故称“镇河楼”，始建于明宣德年间（1426—1435年），嘉靖、清乾隆年间屡有修葺。楼正面匾书“川陕通衢”，背面匾书“昭余胜景”，也反映了古时百姓的信仰习俗。

3.8 沙市万寿宝塔

沙市万寿宝塔在湖北省荆州市沙市区西南之荆江大堤象鼻矶上，2006年6月列入第六批全国重点文物保护单位。

沙市万寿宝塔塔于明嘉靖二十七年（1548年）动工，嘉靖三十年（1551年）建成。清康熙、乾隆、道光年间曾做维修。当年袭爵于江陵的辽王朱宪㸅遵其母毛太妃之命为嘉靖皇帝祀寿而建此塔。

沙市万寿宝塔

沙市万寿宝塔塔基（一）

沙市万寿宝塔塔基（二）

沙市万寿宝塔底层塔门石匾

万寿宝塔建于荆江大堤之上，除了为皇帝祈寿的主旨，还有镇锁江流、降伏洪魔、保一方平安的寓意。数百年来，万寿宝塔既是荆江两岸饱经水患的历史见证，又承载了人们制服江河的美好愿望。

沙市万寿宝塔向南，塔身以砖石砌筑，八角七级，通高40.76米。因泥沙淤积，长江河床逐年增高，塔身下部已掩埋于随河床增高而逐年高筑的荆江大堤堤身之中，塔基低于现堤面7.23米，成为荆江变迁的见证。塔基须弥座，八角雕力士，塔身中空。塔额、枋、斗拱皆仿木结构建筑形式，塔一层正中供奉一尊高8米的接引佛。塔身各层共饰有87尊汉白玉雕刻佛像；塔身内外壁还嵌有浮雕佛像砖、花纹砖、文字砖共2347块，砖雕佛像或端坐、或肃立，各具风姿，据传这些佛像都是嘉靖皇帝下诏各地敬献的，因而极具地方特色；字砖中所刻的汉、藏、满文今犹可辨。塔顶置铜铸鎏金塔刹，上刻《金刚经》全文。

底层塔门上置一石匾，楷书“万寿宝塔”四字。第四层塔室内有一块“辽王宪鼎建万寿宝塔记”碑，字迹斑驳，是研究塔的建造历史的珍贵资料。塔内设螺旋式石梯，第一至五层为壁边折上，第六层为室内折上。沿石梯攀上顶层，可俯见荆江，浪奔涛涌。

新中国成立后，为纪念1998年抗洪，荆州市政府在观音矶旁修建了“九八抗洪纪念亭”，万寿宝塔所在地成为抗洪斗争夺取伟大胜利的纪念之地。

3.9 九江锁江楼塔

九江锁江楼塔位于江西省九江市区东北郊一公里处的长江南岸。2013年4月入选第七批全国重点文物保护单位。这里原有一组古建筑，由江天锁钥楼（即锁江楼）、文峰塔（即锁江楼宝塔）以及四尊铁牛等许多附设

九江锁江楼塔侧影

九江锁江楼塔

建筑组成，现仅存锁江楼塔。

九江锁江楼塔位于长江之滨，乘船进入九江水域时，锁江楼塔就会映入眼帘，锁江楼塔由此成为九江的象征。锁江楼塔高35米，为石雕砖结构，六面锥状，共有七层。每层塔的翘角檐边都悬一铜质风铃。每层檐口都有石刻斗拱。塔内壁画有小型空龛及远眺拱门。

塔内原有木梯，沿梯盘上，观景极佳，正如当年悬挂在此的对联所云："百荻波光当岸绕，黄梅山色过江来。"是为浔阳十景之一。

此处原系一回龙矶，江岸突起跃出江面30余米，流水至此旋转激湍，常有行船在此处遭难。明万历十三年（1585年），时任九江知府的吴秀为锁江镇水，也为祈求文风昌盛，筹集民间款项，会集高师名匠，修锁江楼和锁江楼宝塔于石矶上，历时18年才竣工，并铸铁牛四尊护卫，为的是镇锁蛟龙，消灾免患，永保太平，与配阁、轩组成一体，相映生辉。

塔内底层东面墙上嵌有明代碑记一块。所谓锁江楼、锁江楼塔，顾名思义，就是锁住不驯服的江水。锁江楼塔一度又因回龙矶称回龙塔。

锁江楼塔作为九江的风水宝塔，已屹立了400多年，饱经历史的磨难和风雨的侵蚀。据载，明万历三十六年（1608年），九江发生了地震，锁江楼和江岸一侧的四尊铁牛中的两尊坠入江中，而锁江楼塔却完好无损。清乾隆十三年（1748年），当时的官府重建了锁江楼，并增建了看鱼轩。咸丰年间（1851—1861年），太平军与清军激战于九江，锁江楼毁于战火，剩下的两尊铁牛也不知去向，唯锁江楼塔幸存。

1938年，侵华日军逆江西上，重炮轰击九江，锁江楼塔多处中弹，塔体三处被击穿，有的弹洞洞径达5米，塔体的斗拱、腰檐、平座均遭到不同程度的损伤，塔体歪斜。中华人民共和国成立后，人民政府多次拨款维修锁江楼塔，对濒临崩塌的回龙矶岸进行了护坡加固，古老的锁江楼塔又重焕生机和活力。

3.10　孟州锁水阁

锁水阁位于河南焦作孟州市化工镇北开仪村南的黄河大堤旁，又名文峻阁，为镇黄河泛滥而建，是万里黄河上现存的唯一一座"锁水阁"。2021年12月列入河南省第八批省级文物保护单位。

据乾隆《孟县志》记载："锁水阁在城东南四里（实应为八里，志记有误），开仪村。"原为两座建筑，一座为锁水阁，一座为文峻阁，都是镇河之物。二阁系明崇祯年间县令李希揆建，清乾隆三十年（1765年），两阁圮于河。道光十四年（1834年）县令徐勋始于二阁北里许，再建文峻阁，共三层，为保存阁名，上层名锁水阁，下层名文峻阁。

现存锁水阁为方形，青砖砌成，共三层，无顶，中华人民共和国成立后，顶部用水泥板覆盖。高约30米，边长约3.3米，砖石结构，甚为雄伟，坐北向南，锁水阁正面上下各有砖券拱门一个，上下楣各横嵌青石碑一块，上各有阴刻篆书三个大字，上面的石碑上书"锁水阁"，下面的石碑上书"文峻阁"，字体约30厘米，苍劲隽拔，洒脱大方。背部第三层有砖券长方门窗，

锁水阁（杨其格 摄）

间含正方小木棂，东西两厢中上层各有砖券门窗，内含斜方小孔木棂。阁内用木板分为三层，设有可攀的木楼梯，登顶可远眺黄河。

据调查，民国初年，阁顶尚存，属亭堂式建筑，朱脊绿瓦，四条垂脊向中心集成一座鎏金宝顶。其东西各嵌有彩陶雕塑壁画，东为“岳飞大战金兀术”，西为“秦桧跪罪”，雕刻精美。四角均悬铜铃。

阁门前方有照壁，高五尺，宽六尺，厚一尺有八，上压青石条一块，可躺一人小栖。照壁前有青石台阶，凡三十级，可步上下。阁围用青砖砌高台，青石嵌边，约三丈见方，台上四周为巨石栏杆，造工甚为古朴典雅，栏杆之下栽种绿柳，时人称为“文阁垂荫”，为古代孟州八景之一。

抗战时期，日本军队占领孟州，此阁成为黄河以北地区封锁黄河渡口的一座重要炮楼。1945年日本投降后，锁水阁就很少有人再利用，逐渐荒废。近几年，随着人们的文物保护意识不断提高，在当地文化部门的鼓励下，附近村民集资对锁水阁重新进行了维修，复修了台阶、楼梯、扶手、阁顶，并美化了锁水阁四周环境。

锁水阁“文峻阁”青石碑（杨其格 摄）

會安橋

4

镇 水 神 兽

4.1 成都秦代石犀

成都秦代石犀现为成都市博物馆所藏，是成都博物馆的镇馆之宝。它发掘于21世纪初，其形制特点为秦汉甚至更早时期，是我国目前发现的年代最久远的大型圆雕，也是西南地区目前发现的形制最大、时间最早的石刻艺术品。

整尊石犀的雕刻风格古朴、粗犷，线条简练生动，身上还刻有卷云状纹饰，具有极高的历史研究价值，以及重要的艺术研究价值。古人观察到，犀牛角长在鼻子上，下水游泳时，如果速度够快，水波会向两边明显分开，好像它主动地劈波分浪一样，因此认为其有分水能力，称犀牛为灵犀，石犀镇水的民俗也由此产生。《太平御览》890卷引《南越志》说："巨海有大犀，其出入有光，水为之开。"又引晋代刘欣期《交州记》："有犀角通天，向水辄开。"

公元前277年，李冰奉秦昭襄王之命出任蜀地郡守。到任之后，他和儿子对岷江各段进行了大量的实地勘测，认真总结了前人的治水经验，提出了系统治理岷江的规划方案，修建了家喻户晓的世界级遗产——都江堰水利工程，也制作了五头石犀用来镇压水里的妖怪。

西汉扬雄《蜀王本纪》最先提到，成都"江水为害，蜀守李冰作石犀五枚。二枚在府中，一枚在市桥下，二枚在水中，以厌水精，因曰石犀里也"。从那时起，后世一直延续着李冰遗俗，不仅在江河之滨，甚至在一些人工渠道沿线，也有类似的石雕存在。王士性《入蜀记》云："成都故多水，是处以石犀镇之。城东有十犀九牧，立于江边，可按。"明正德《四川志》记有：万年堤"三百余丈，置石人、石牛各九，以镇水恶。"不过后世的石雕已不是犀牛，而是水牛形了。

成都秦代石犀

4.2 蒲津渡唐代铁牛

蒲津渡唐代铁牛坐落在山西省永济市蒲州古城西门外的黄河东岸，为黄河蒲津渡遗址的遗物。2001年6月，国务院公布蒲津渡与蒲州古城遗址为第五批全国重点文物保护单位。

蒲津渡是一处历史悠久的黄河渡口，为秦晋交通要冲，历史上很多朝代都在这里修造过浮桥。蒲津浮桥始建于战国时期，为向东扩张，秦昭襄王曾两次在蒲津建浮桥。此后，东魏、西魏、隋朝都曾在此建过浮桥。唐开元六年（718年），蒲州被置为中都，与西京长安、东都洛阳齐名。开元十二年（724年），为稳固蒲津浮桥，唐玄宗命兵部尚书张说主持改建蒲津浮桥、铸造镇河铁牛。蒲津渡铁牛因此又称“开元铁牛”，当地人又称其为“镇河牛”。当时，唐代全国年产铁53.2万斤，而铁牛铸造竟用去17万斤，占铁年产量的32%。金元之际，浮桥毁于战火，只剩下两岸的铁牛。后因三门峡水库蓄洪而使河床淤积，河水西移，铁牛被埋入河滩泥沙中。今蒲津渡遗址，西距黄河堤岸2.8公里，隔黄河与陕西省朝邑县相望。

1988年起对蒲津渡遗址进行考古调查，20世纪90年代后发掘出原属黄河东岸的4尊铁牛。牛分南北两组，头皆朝西，牛旁各有铁人一尊。铁牛伏卧，两眼圆睁，栩栩如生，呈负重状。牛尾后均有横铁轴一根，长2.33米，用于拴连桥索。四牛四人形态各异，大小基本相同。据测算，铁牛高1.5米，长3.3米，重约30吨。每尊铁牛边，各有一尊铁铸力士作牵引状，每尊力士各属一个民族，分别是一号维吾尔族人、二号蒙古族人、三号藏族人、四号汉族人，展现出走过蒲津桥的不同民族人物的形象，因而形成了风格鲜明、内涵独具的镇水文化雕塑群。

蒲津渡唐代铁牛（魏建国 摄）

牛腹下为铁山，山下连以铁柱6根，向斜前方插入土中。在4尊铁牛之间还发现铁山2座，附近有铁墩柱3件，遗址东北方另发现铁柱7根。铁牛、铁人、铁柱等均为固定浮桥用的构件。估计当时两岸铁铸件的总重量约80万千克，约占当时全国铁年产量的80%。

蒲津渡铁牛的出土，对研究唐代的经济、文化和中国古代桥梁史、冶铸工艺史及黄河故道的变迁等均有重要价值。

蒲津渡唐代铁牛之一（魏建国 摄）

蒲津渡唐代铁牛边铁铸力士（魏建国 摄）

4.3 沧州铁狮子

在河北省沧州市旧城原开元寺前有尊铁狮子，当地人把它称为“镇海吼”。据民国《沧县志》记述，沧州铁狮子的铸造时间为后周广顺三年（953年），是采用“泥范明铸法”铸成，具有很高的科学和艺术价值，1961年3月入选第一批全国重点文物保护单位。

沧州铁狮子

沧州铁狮子背负莲花巨盆，四肢叉开，昂首挺胸，巨口大张。传说沧州东濒渤海，海水频繁上泛成灾，当地人募钱捐资请人铸狮以镇遏水患。狮子为百兽之王，中国传统文化认为狮子具有魇镇邪魅的神性。在佛教里，狮子是文殊菩萨的坐骑，具有无畏、法力无边的象征意义。

沧州铁狮子铸造的年代和铸造师，皆铸造于狮身上，距今已有1000多年的历史。沧州铁狮子身披障泥（防尘土的垫子），肩负巨大的莲花盆，莲花盆底部直径1米，上口直径2米，通高0.7米，可以拆卸下来。相传这是文殊菩萨佛像的莲座。狮身毛发呈波浪状或作卷曲状，披垂至颈部，胸前及臀部飘有束带，带端分垂于两肩及胯部。此外，狮身内外还有许多铸文，除前述铸造年代和铸造者、捐钱者姓名以外，头顶及颈下还铸有“狮子王”三字，腹腔内还有以秀丽的隶书字体铸造的金刚经文，具有书法、考古价值。

传说沧州铁狮子总重量约40吨，1984年为保护狮身为其移位时，经过准确称量，铁狮的总重量为29.30吨。北京科技大学于2001年4月再次测量，沧州铁狮子现身长6.264米，体宽2.981米，通高5.47米，重约32吨。

沧州铁狮子是古人采用一种特殊的“泥范明铸法”分节叠铸而成，铁狮腹内光滑，外面拼以长宽三四十厘米不等的范块，逐层垒起，分层浇铸，共用600余范块拼铸而成。

沧州铁狮子为研究中国古代的冶金、雕塑和佛教史提供了珍贵的实物资料。

4.4　洞庭湖镇水铁枷

湖南省岳阳市的岳阳楼，雄踞岳阳古城西门之上，是我国古代江南三大名楼之一，1988年1月入选第三批全国重点文物保护单位。

在岳阳楼下，有原东吴大将鲁肃的点将台遗址，在遗址左侧的坪台上，陈列着一具古代铁“枷”。铁“枷”之命名，是因其外形类似于古代囚犯的枷具，但在过去的府志和县志中，除“铁枷”之名外，还被叫做“铁钮”“铁械”等名字。铁“枷”的造型十分别致，两头呈燕尾形，其中有2个燕尾的端部上有1个小圆孔；中部近似于方形，有2个凸楞，将中部和两端分隔开，中部正中有一圆孔，是3个圆孔中最大者，孔径为26厘米。铁“枷”长2.6米，宽1.88米，厚34厘米，重量达3.5吨，是一具古代大型铁铸件。

洞庭湖镇水铁枷俯视（魏建国 摄）

位于岳阳楼下点将台遗址坪台上的洞庭湖镇水铁枷（魏建国 摄）

1980年5月，正值洞庭湖水较浅时，岳阳楼的管理人员发现在点将台下的湖滩上有三具铁“枷”，于是想办法将其中一具铁“枷”打捞了上来。而据清《巴陵县志》所载，“铁械”（即“铁枷”）共有五具。至于铁“枷”的铸造时间及其作用，历来说法不一。北宋范致明所写的《岳阳风土记》内有“铁枷”的最早记载：“江岸沙碛中，有冶铁数枚，俗谓之铁枷，重千斤。古人铸铁，如燕尾相向，中有大窍，径尺许，不知何用也。或云以此压胜，辟蛟蜃之患；或以为矴后，疑其太重，非舟人所能举也；或以为植木其内，编以为栅，以御风涛，皆不可知。”这说明铁“枷”在北宋以前就有了，而其用途，北宋人也不能确定，说法有多种。南宋时，张世南的《游宦纪闻》中也有记载：“岳阳河上数枚，人以为厌胜铁枷，或认为湖贼王么碇石，或云昔人拒敌锁江之具，《图经》皆疑其非，或附会者曰：晋太康六年，大举灭吴，二月戊午、王睿、唐彬击破丹阳监，吴人于江渍要害处，并以铁锁横之，以为此物。今观戈阳所出，可名之锁江之具乎。以此验彼，厌胜之物明矣。”即张世南认为是镇压湖怪的“厌胜铁枷”。明代、清代也都有各种说法，没有一致的认识，现在也难以正确裁定。但是，铁“枷”与洞庭湖、岳阳楼有关，且其铸造时间至少近千年，即这一具大型铁铸件，在水中已经浸泡了约1000年。查看铁“枷”全身，锈蚀程度很轻，这足以证明我国古代冶铸技术水平之高。

洞庭湖镇水铁枷近观（魏建国 摄）

4.5 茶陵铁犀

茶陵铁犀，又名南浦铁犀、茶陵铁牛，位于湖南省株洲市茶陵县城南古城墙外洣江岸边。1981年7月列入湖南省第四批省级文物保护单位。

铁犀卧高约1.5米，体长2.1米，宽0.8米，重约3.5吨，系用亚共晶白口生铁分三次浇铸而成，其状似牛，俗称“铁牛”，昂首而卧，逼视洣水，栩栩如生。铁犀的眼睛也十分传神，其直径比一枚一元钱的硬币稍大，制作材料为风磨铜，据称比黄金还要贵重。铁犀自1228—1233年建成后，至今已有700余年的历史，虽日晒雨淋，却浑身不锈不蚀，铿光乌亮。1945年铁犀遭侵华日军炮击，损毁一角。1953年，人民政府重修铁犀卧座；1993年修葺了台座并重建了犀亭。

茶陵铁犀及重建的犀亭
（魏建国 摄）

茶陵铁犀由前观看（魏建国 摄）

以犀牛雕像作为镇水之物，早在秦代就有了。但茶陵的铁犀却是我国现存最早的大型镇水铁质犀牛，距今已有700多年的历史，它的存在对古代水利、冶金和铸造的研究有参考价值，同时，它的造型是按照写实法来塑造的，即按照曾经在我国南方生存过的独角犀牛的形象来塑造，这对了解我国古代独角犀牛也有参考价值。

传说洣江洪灾频繁，老百姓深受其害，县令刘子迈为此寝食不安。后河神托梦，要他用“万户针”铸犀置江岸，就能镇河妖，治洪水。即将离任的刘县令传出话来：“礼物请带回，要送就送缝衣针。”消息一传出，送针的人络绎不绝。刘子迈请工匠熔针铸犀，还把家中多年积蓄的银两全部垫出。

茶陵铁犀昂头跪伏，颈脖下的窟窿还有一传说。铁犀旁边原有座铜牛。有一次铁犀与河妖拼斗了一夜，战败了河妖，肚子饿了，跑到了瑶里村吃了几株萝卜，而铜牛却在睡懒觉，铁犀狠狠骂了它一顿。铜牛心怀不满，到瑶里村拨弄是非，说自己斗败了河妖，铁犀不但不助战，反而偷吃萝卜。瑶里人一听，气恼地用梭镖将正在睡觉的铁犀脖子上捅了一个大窟窿。铁犀一气之下，用独角把铜牛斗下了河。铜牛被大水冲到衡东草市潭永不见天日。从此，铁犀更加警觉，昂头跪伏。河妖见它不睡觉，不敢兴风作浪，所以，涨洪水也淹不过铁犀的头。而据科学考证，铁犀是古人铸成用来预报水位的，洪水若淹过铁犀的头，则水位足以淹进城门。

茶陵铁犀由后观看（魏建国 摄）

4.6 北京后门桥趴蝮

趴蝮，又名蚣蝮，民间多称之为吞水兽、吸水兽，传说是龙生九子之一，是专职镇水的神兽。2000年北京修缮后门桥，在河道淤泥中发掘出土了六尊青石雕刻的趴蝮，与后门桥护岸石雕趴蝮成一体，均呈伏状，为元代和明代遗存文物。

后门桥护岸石雕趴蝮

后门桥，又称万宁桥、地安桥，位于北京地安门外、什刹海附近，坐落于北京城中轴线上，始建于元世祖至元二十二年（1285年），因桥在地安门之北，地安门为皇城的后门，因此称为后门桥。后门桥于1984年5月入选北京市第三批市级文物保护单位。

明代杨慎所撰《升庵外集》中将趴蝮列为龙的第六子。趴蝮擅水性，据说喜欢吃水妖。它的形象有点狮子相，似龙非龙，似虾非虾，头顶有一对犄角，全身有龙鳞。趴蝮常饰于石桥的拱顶、望柱、桥翅、栏板上，人们既用它镇伏桥下水怪，又用它来装饰桥身。又因其嘴大、肚大能盛水，所以又用于建筑物的排水口。

后门桥护岸石雕趴蝮侧面

相传趴蝮的祖先因为触犯天条，被贬下凡，被压在巨大沉重的龟壳下看守运河1000年。千年后，趴蝮祖先终于获得自由，脱离了龟壳。人们为了纪念、表彰其家族护河有功，按其模样雕成石像放在河边的石礅上，以求镇住河水，防止洪水侵袭。

4.7 开封镇河铁犀

开封镇河铁犀位于河南省开封市东北2公里许铁牛村，为明正统十一年（1446年）河南巡抚于谦为镇降黄河洪水灾害而建，1963年6月入选河南省第一批省级文物保护单位。

开封镇河铁犀

镇河铁犀高2.04米，围长2.66米，坐南向北，面河而卧。浑身乌黑，独角朝天，双目炯炯，造型雄健。背上铸有于谦撰写的《镇河铁犀铭》：“百炼玄金，溶为金液。变幻灵犀，雄威赫奕。填御堤防，波涛永息。安若泰山，固若磐石。水怪潜形，冯夷敛迹。城府坚完，民无垫溺……”镇河铁犀虽是古人未能正确认识自然的产物，却表达了人民要求根除河患的强烈愿望，也是古代中州大地屡遭水患的历史见证。

黄河自金初南流之后，开封即成为濒河之城，屡遭洪水肆虐之苦。明洪武二十年（1387年）夏六月，河水袭入开封，全城屋舍多没入水中。永乐八年（1410年）秋，河决开封，环城200余丈，7000余顷良田顿成泽国。宣德五年（1430年）于谦履任后，体察民情，重视河防，在修葺黄河大堤与开封护城堤的同时，又铸此铁犀以镇洪水。铁犀当时被安放在新建的回龙庙内，坐北向南，面城背河。

天顺元年（1457年），于谦在“夺门之变”中遇害，开封庶民在回龙庙旁又建庇民祠一座，追思于谦治河的功绩。

崇祯十五年（1642年），河决祥符之朱家寨与马家口，回龙庙及庇民祠俱毁于河水，并被黄河掩埋于地下，铁犀仅部分显露出地表。清顺治年间铁犀被掘出，康熙三十三年（1694年）重建庙宇，改名镇河铁犀庙。今庙已不存，独留铁犀。

4.8　大同明代铁牛

山西省大同市善化寺存有一尊明代铁牛，铁牛四足着地，二角朝天，目视前方，造型生动。1961年3月，善化寺入选第一批全国文物重点保护单位。

铁牛按照当地的耕牛形象雕铸，身高为1.3米，如从牛角高度算起，则通高为1.86米，长2.1米。

据传，古时大同城外的御河时常泛滥成灾，明代大同人民为免受御河泛滥之苦，在御河两岸铸造了九尊“镇河铁牛”。但先后被河水冲走了八尊，如今，仅剩下这一尊铁牛。

大同明代铁牛

大同明代铁牛左右两侧铸有铭文

该铁牛中空，右腹部、牛尾和左牛角都已有破损，但铁牛的其余部分则保存完好，乌黑油亮，毫无锈蚀。在铁牛的左身侧铸有“大同金火匠宋国阳、陈玉……”的铭文，右侧铸有“山西文水县徐北都金火匠人宋恩……”的铭文，表明该铁牛是由大同和文水两地的匠人共同铸造。但没有纪年铭文，因而只知铁牛是明代所铸，不能确定铁牛确切的铸造日期。

我国古代铸造大铁牛的目的虽然是“镇水”，但在铸造时，大多数铁牛并没有被神化，而是用写实手法雕塑出真实模样。不论是卧式还是立式，都显得真实自然、栩栩如生，这和古代铁狮的雕塑大不相同。当然也有个别铁牛不采用写实手法，而是写意地只突出局部。

铁牛铸成空心或实心，是根据实际需要而定的。铸成实心，重量大，才能起到“地锚”的作用，但必须在安置处的现场铸造出来。

大同明代铁牛铸成空心，既节省金属，又便于成批生产后移送到河堤上安置。但铸造技术要求高，如内范（泥芯）的强度、退让性和出气问题等都要正确处理，铁牛的头部和站立牛的四肢应加铁条来增加强度，等等。

从南宋到清代留存的“镇水铁牛”来看，都是用浑铸法整体铸造而成的。巨型铁牛的“尾轴”和“地轴”是用分铸法先铸出，再和铁牛本身铸接成一体，而大铁牛本身也是采用浑铸法整体铸造而成的。这比秦、汉时采用分铸法，先铸出部件，再铸接或样接成一体有了很大进步。

为了更好地保护古代文物，1980年，大同市文物管理委员会研究决定，将“镇河铁牛”移置到善化寺内保存。

4.9　洪泽湖镇水铁牛

洪泽湖镇水铁牛于清康熙年间（1662—1722年）建成，用以镇水。1982年3月入选江苏省第三批省级文物保护单位。

古人以金、木、水、火、土五行相克的哲学思想，立“九牛二虎一只鸡”于大堤之上，以此镇水。如今可惜仅存五尊铁牛，其中两尊在蒋坝三河闸管理处，两尊在公园和高良涧进水闸，一尊在淮阴高埝。铁牛系生铁铸成，除牛角均已残缺以及部分铭文锈蚀外，其余则保存较为完好。铁牛身长1.70米，宽0.57米，高0.68米，有厚0.07米的一块铁板与牛身铸为一体，共重约2250千克（一说重4000千克）。牛身肩肋处铸有阳文楷书铭文，铭文曰：“维金克木蛟龙藏，维土制水龟蛇降，铸犀作镇奠淮扬，永除昏垫报吾皇。康熙辛巳午日铸。”从铭文得知，铁牛是用来镇水的。据史料记载，历史上洪泽湖大堤多次溃决，仅1575—1855年的280年间，就决口140余次。当时清王朝除广集民工修筑外，还决定铸造铁牛，以期镇水，去除洪害。

康熙四十年（1701年），大司马张鹏翮等于端阳节午时在高良涧开始铸造，原计划铸造9尊，后材料有余，遂铸成16尊，铸成后的铁牛分置于洪泽湖大堤各险工要段。

铁牛在当时也具有水文标志的作用。现洪泽湖大堤还保存有原放置铁牛的遗址一处，俗称“铁牛湾”，该处高度低于大堤堤顶。据说曾有规定，如遇汛期，当湖水漫至铁牛的某一部位时，即可以开启某一坝口采取泄洪措施。在此，铁牛已变成水位测量标志，铁牛的铸造既有着传统的文化背景和精神寄托，也发挥着科学作用。

洪泽湖镇水铁牛
（位于三河闸管理处）

洪泽湖镇水铁牛

洪泽湖镇水铁牛牛身铸有铭文

4.10 颐和园镇水铜牛

颐和园镇水铜牛坐落在北京颐和园廓如亭北面的堤岸上。1961年3月，颐和园入选第一批全国重点文物保护单位，1998年11月列入世界遗产名录。

当年乾隆皇帝将其点缀于此是希望它能“永镇悠水”，长久地降服洪水，给园林及附近百姓带来无尽的祥福。镇水铜牛是颐和园昆明湖东岸一道独特的人文景观和艺术珍品。

唐代人们不再把铁牛投入河中，而是把牛放置在河岸边。清乾隆二十年（1755年），乾隆皇帝仿唐朝铁牛上岸的做法，命匠人铸造了一只铜牛，为了表示大清王朝的繁荣强盛，铜牛全身镀金，并在金牛背上用篆文铸了《金牛铭》，其全文是：“夏禹治河，铁牛传颂，义重安澜，后人景从。制寓刚戊，象取厚坤。蛟龙远避，讵数鼍鼋。溸此昆明，潴流万顷。金写神牛，用镇悠永。巴邱淮水，共贯同条。人称汉武，我慕唐尧，瑞应之符，逮于西海。敬兹降祥，乾隆乙亥。”铸造镀金铜牛，放置在昆明湖岸边，还能起到考查昆明湖水位的作用。据科学考证，昆明湖的东堤比故宫的地基高约10米。遇到大雨之年，昆明湖一带便成水患之地，为了防止昆明湖东堤决口殃及紫禁城受害，在此设置铜牛以便随时知道水位比皇宫的城墙高多少，以便加强防护，使皇宫免遭洪水之灾。

颐和园镇水铜牛是我国古代用拨蜡法铸造的代表作。镇水铜牛不仅造型生动，而且和周围环境融为一体，反映了我国当时的铸造艺术水平，是我国现存最大的古代镀金铜牛。

颐和园镇水铜牛

4.11 荆江郝穴铁牛

荆江郝穴铁牛位于湖北省荆州市江陵县郝穴镇西北 2 公里处的荆江大堤上，又名独角兽，当地人也称之为铁牯牛。2003年11月列入湖北省第四批省级文物保护单位。

湖北省荆州市的长江堤防被称作荆江大堤，是长江堤防最为险要的地段，历来是长江水患常发之处，故早在东晋时就已开始筑堤防汛。清乾隆五十三年（1788年）六月，长江中游的特大洪水冲垮了荆江大堤，使荆州地区所有县城全被水淹，江陵城垣倒塌无数，仅城厢内外就淹死万人，广大村落更是一片汪洋。水灾震惊了清廷，乾隆皇帝派毕源为新任湖广总督，重修大堤，并下旨铸造9尊镇江铁牛，分置于长江边观音矶等重要荆堤险段，意用铁牛锁住蛟龙。咸丰九年（1859年），又在江边的郝穴安置镇水铁牛一尊，因而荆江大堤上共有10尊清代铁牛。

数百年来，长江常有水患，其中八尊铁牛已先后淹没在洪水中。现今只有两尊铁牛幸存，一尊铁牛在荆州市李埠镇的江边，是清乾隆五十三年（1788年）所铸；另一尊铁牛在郝穴的江边堤上，是清咸丰九年（1859年）所铸。两尊铁牛均呈昂首蹲伏状，直视江面，神情专注，威严肃然。这两尊铁牛已成为长江水患的历史见证，也是荆江防洪史上难得的大型金属文物。

郝穴铁牛身上铸有铭文和花纹，其中有“嶙嶙峋峋，其德贞纯。吐秀孕宝，守捍江滨。骇浪不作，怪族胥训。翳千秋万代兮，福我下民。”等句。

荆江郝穴铁牛（税晓洁 摄）

铁牛旁原立有石碑一块。清光绪二十一年（1895年）郝穴矶发生险情，荆州知府舒惠率民众抢险，修石矶长173米，高5米，上铺块石坦坡，高6米，下游做条石驳岸17米，又于上首新建石矶，长13米，高8米，控制住险情。光绪二十二年（1896年），荆州知府余肇康为纪念该抢险工程立碑。该碑原立在郝穴客运码头附近，河道管理部门于1978年将此碑迁至铁牛矶，并适当加以修缮，建立基座，现立于铁牛与蘑菇亭之间，碑上刻有《万城堤上新垲工程记》一文。

中华人民共和国成立后，政府十分重视荆江大堤治理工作。由于郝穴堤段的安危关系到江汉平原乃至武汉三镇人民财产的安全，1958年周恩来总理等亲临铁牛矶视察，1998年，在抗洪最紧张的时刻，江泽民、朱镕基、李瑞环、温家宝等党和国家领导人亲临铁牛矶，指导抗洪，夺取了“九八”抗洪的伟大胜利。汛后，国家再次安排专款对铁牛矶一带进行综合整治。工程于1999年4月28日开工，2000年6月底竣工。整治后根治了险情，保证了滩岸稳定，提高了边坡、滩面的抗冲能力。同时，郝穴铁牛也修缮一新，并依据“九八最高洪水位”，将铁牛抬高7分米，重新修建基座、平台，在铁牛旁树立了“九八抗洪纪念碑”，上刻有《郝穴铁牛矶综合整治工程记》碑文。

荆江郝穴《万城堤上新垲工程记》碑
（引自：江陵县文化和旅游局官网）

4.12 漯河镇河铁牛

漯河镇河铁牛位于河南省漯河市西关沙河大堤东岸，2016年1月入选河南省第七批省级文物保护单位。

铁牛身长约1.2米，清道光九年（1829年）所铸。铁牛呈左侧卧态，双耳耸天，头部略向前伸。制造年份用阳刻刻于牛身左侧，阴刻隶字“镇河铁牛”于底座。郾城县城（今漯河市郾城区）濒临沙河，因西关河湾处常决口，淹没庄田，百姓苦不堪言，故置铁牛以镇水。1958年，特筑高1米、长宽各1.5米的水泥基座，将铁牛置其上。2011年，沙澧河景区将水泥基座改造，上贴花岗岩，“镇河铁牛”四个金字嵌入其中。

如今，漯河镇河铁牛已成为漯河的地理坐标，形成了一道亮丽的人文景观，见证着漯河的建设与发展。

漯河镇河铁牛

會安橋

5

水事活动

5.1 傣族泼水节

傣族泼水节是流行于云南省傣族人民聚居地的传统节日。2006年，云南省西双版纳傣族自治州申报的傣族泼水节列入第一批国家级非物质文化遗产名录；2008年，云南省德宏傣族景颇族自治州申报的傣族泼水节列入第二批国家级非物质文化遗产名录。

泼水节源于印度，随着佛教在傣族地区影响的加深，泼水节成为一种民族习俗流传下来，已有数百年历史。 泼水节又名“浴佛节”，傣语称为“桑堪比迈”（意为新年），西双版纳傣族自治州和德宏傣族景颇族自治州的傣族人民又称此节日为“尚罕”和“尚键”，两名称均源于梵语，意为周转、变更和转移，指太阳已经在黄道十二宫运转一周开始向新的一年过渡。我国阿昌族、德昂族、布朗族、佤族等少数民族均过这一节日。柬埔寨、泰国、缅甸、老挝等国也有泼水节。泼水节一般在傣历六月中旬（即农历清明前后10天左右）举行，是西双版纳隆重的传统节日之一。其内容包括民俗活动、艺术表演、经贸交流等，具体节日活动有泼水、赶摆、赛龙舟、浴佛、诵经、章哈演唱、孔雀舞和白象舞表演等。

傣族泼水节为期3~4天。第一天为“麦日”，类似于农历除夕，傣语叫“宛多尚罕”，意思是送旧，此时人们要收拾房屋，打扫卫生，准备年饭和节间的各种活动；第二天为“恼日”，“恼”意为“空”，按习惯这一日既不属前一年，亦不属后一年，故为“空日”；第三天为“元旦”，傣语叫“麦帕雅晚玛”，人们习惯把这一天视为“日子之王来临”；第四天为“新年”，傣语叫“叭网玛”，敬为岁首，人们把这一天视为最美

泼水节盛大场景

泼水节互相泼水互相祝福

好、最吉祥的日子。节日清晨，傣族男女老少就穿上节日盛装，挑着清水，先到佛寺浴佛，然后就开始互相泼水，互祝吉祥、幸福、健康。人们一边翩翩起舞，一边呼喊“水！水！水！”鼓锣之声响彻云霄，祝福的水花到处飞溅，场面真是十分壮观。

“丢包”是傣族未婚青年的专场游戏，“包”是象征爱情的信物，由傣族姑娘用花布精心制作，内装棉籽，包的四角缀有五彩花穗。丢包时，男女各站一排，先由傣族姑娘将包掷给小伙子，小伙子再掷给姑娘，并借此传递感情。如此，花包飞来飞去，最后感情交流到一定程度，双方悄悄退出丢包场，找一个幽静的地方依肩私语去了。

“放高升”和孔明灯也是傣族地区特有的活动。人们在节前就搭好高射架，届时将自制的土火箭点燃，让它尖啸着飞上蓝天。土火箭飞得越高越远的寨子，人们越觉得光彩、吉祥，优胜者还将获奖。入夜，人们又在广场空地上将灯烛点燃，放到自制的大“气球”内，利用热空气的浮力，把一盏盏“孔明灯”放飞上天，以此来纪念古代的圣贤孔明（诸葛亮）。

“赶摆”是泼水节的主要内容之一。赶摆场一般设在江河岸边平阔之处或田坝中央，场边置高升架，有专门用来燃火花和放火飞灯的场地。身着节日盛装的各民族群众从四面八方汇聚于此，人山人海，锣鼓喧天。人们听章哈演唱，观赏民间艺人表演的孔雀舞、象脚鼓舞、蝴蝶舞、白象舞、马鹿舞和刀舞、拳舞等，和着鼓点节奏同跳“依拉呟”舞。江上赛龙舟，空中放高升。青年男女聚在一起丢包，传递情谊。夜晚，人们继续歌舞狂欢，放高升、放火花和火飞灯，热闹非凡。

象脚鼓舞

傣族人民能歌善舞，泼水节自然少不了舞蹈。大规模的舞蹈主要安排在泼水节的第三天。从七八岁的娃娃到七八十岁的老人，都穿上节日盛装，聚集到村中广场，参加集体舞蹈。象脚鼓舞热情、稳健、潇洒。舞者围成圆圈，合着锰锣、象脚鼓翩翩起舞，一边跳舞一边喝彩“吾、吾”或“水、水”！孔雀舞优美、雅致、抒情，是傣族舞蹈的灵魂，舞蹈以孔雀的各种姿态为基础，在趣与美的再创造中，集中凝聚着傣族儿女们的审美旨趣。还有不少舞者尽情挥洒自己的即兴之作，有的边唱边跳，有的甚至边跳边喝酒，如痴如醉、狂放不羁，连续跳上几天几夜也不知疲惫。

“赛龙舟”是泼水节最精彩的内容之一，常常在泼水节的“麦帕雅晚玛”（第三天）举行。那日，穿着节日盛装的群众欢聚在澜沧江畔、瑞丽江边，观看龙舟竞渡。江上停泊着披绿挂彩的龙船，船上坐着数十名精壮的水手，号令一响，整装待发的龙船像箭一般往前飞去，顿时整条江上，鼓声、锣声、号子声、喝彩声，此起彼伏、声声相应，节日的气氛在这里达到了高潮。

泼水节是全面展现傣族水文化、音乐舞蹈文化、饮食文化、服饰文化和民间崇尚等传统文化的综合舞台，是研究傣族历史的重要窗口，具有较高的学术价值。泼水节展示的章哈演唱、白象舞表演等能给人以艺术享受，有助于了解傣族感悟自然、爱水敬佛、温婉沉静的民族特性。

云南省多个城市和地区纷纷开展“泼水节”旅游活动来吸引全国各地游客。对傣族泼水节的旅游开发，一方面为傣族泼水节的保护和传承提供了资金支持，另一方面也更好地弘扬和传承了中华民族传统文化。泼水节是加强西双版纳全州各族人民大团结的重要纽带，对西双版纳与东南亚各国的友好合作交流、促进全世界社会经济文化的发展起到了积极作用。

赛龙舟

5.2 都江堰放水节

都江堰放水节是流行于都江堰水利工程所在地四川省都江堰市的民间习俗，于2006年列入第一批国家级非物质文化遗产。

放水节，又称“开水节”，为纪念李冰父子治水的丰功伟绩而设。公元前256年，在蜀守李冰的主持下，修建了使得成都平原“水旱从人、不知饥馑”的都江堰水利工程，并以此建立了严格的岁修制度，即在枯水季节筑堤断水，整治维修；在清明放水春灌时举行开水仪式。久而久之，形成习俗。

据考证，都江堰放水节源于4000年前的江神信仰和2000多年前对江水的祭祀。据1974年在都江堰渠首出土的李冰石像的铭文考证，至少在汉建宁元年（168年），都江堰民间就已经存在改祭祀江神和江水为祭祀李冰的春秋祭祀活动。

北宋太平兴国三年（978年），北宋政府正式将清明节这一天定为放水节。到了清代，放水节又称为“开水节”，随着明末清初四川战乱的平息和农业生产的恢复，民间庆祝清明放水的民俗活动亦逐步定型。清朝雍正皇帝下旨，规定在都江堰进行春秋两季祭祀，而春季祭祀就是清明放水节。清代诗人山春《灌阳竹枝词》描写了放水节的情况：“都江堰水沃西川，人到开时涌两边；喜看杩槎频拆处，欢声雷动说耕田。”

中华人民共和国成立以后，于1950年举行了第一次清明放水节，但取消了祭祀李冰的仪式。到1990年，随着改革开放后对民族文化的重视，都江堰市决定重新恢复清明放水节。1991年，为了加强文化内涵和历史内涵，还增加了仿古祭祀。1993年，增设了祭坛，增加了面具舞等表演。

民国时期的都江堰放水节，仪仗队抬着祭品，鼓乐前导，主祭官率众人出玉垒关至二王庙，全体在肃立中进行祭祀李冰父子的典礼：奏乐、设迎神位、还神、授花，引赞导主祭进席、献帛、进爵、献爵、进食、献食，主祭官诵读祝辞、奠爵、焚祝帛，大家还要一起同唱纪念歌并且在李冰父子位前行三鞠躬礼，设送神位、送神、礼成、鸣炮放水。当时，除不用跪拜之外，其他的过程都与古代的祭祀情形差不多，只是把祭文改为朗读和唱歌。当时除官祭之外，还有民祭。

在现代的放水节上，身着古装官服的主祭在二王庙祭祀完李冰以后，率领祭祀的人员到都江堰渠首三大工程之一的鱼嘴分水工程处。这里早已搭有彩棚，主祭官在此地朗诵《迎神辞》，众人肃立，唱《纪念歌》。歌毕，献花、献锦、献爵、献食。主祭官读完《祝辞》，与全体祭者向李冰塑像三鞠躬，祈愿一年风调雨顺，五谷丰登，六畜兴旺。当主祭官宣布“开水”时，众人就会立即砍杩槎放水。随着主祭的一声令下，“咚咚咚”三声礼炮立刻鸣响、敲锣打鼓放鞭炮，两岸顿时欢声雷动。身强力壮的堰工们立即挥斧奋力砍断连接杩槎的竹索。紧接着，河滩上的人群用力拉绳，阻挡在内江上的杩槎就势解体倒下，外江水立刻汹涌而下，流入经岁修后的内江。此时，年轻人跟着水流奔跑，并不断用石头向水流的最前端打去，称为“打水头”，这是都江堰放水节的高潮。

在都江堰放水节期间，当地还开办以买卖农具、农作物种子和生活用品为主的大型集市。集市从都江堰放水节这天开始，一般要举办3~5天。其间，都江堰沿岸彩棚连绵、张灯结彩，二王庙里杀猪宰牛、吹箫鼓乐，戏台连演几天川剧，吸引都江堰市周边乡镇的民众参加。

都江堰放水节文艺表演场景（一）

都江堰放水节文艺表演场景（二）

在清明节这天举行放水大典的传统，既抒发了对以李冰为代表的历代治水先贤的感戴之情，同时又祈祷新的一年风调雨顺、五谷丰登。都江堰放水节再现了成都平原农耕文化漫长的历史发展过程和民俗文化的多姿多彩，体现了中华民族崇尚先贤、崇德报恩的优秀品质，具有弘扬传统文化的现实意义。

都江堰放水节文艺表演场景（三）

5.3 苗族祈雨节

祈雨节是仅流传于贵州省黔东南苗族侗族自治州剑河县岑松镇平塘坡一带的民族节日，2019年列入贵州省第五批省级非物质文化遗产。平塘坡祈雨节也叫平塘坡爬坡节，于每年农历六月的第二个戊日举行。

龙王洞是苗族群众千百年来祭祀求雨的神圣场所。每年祈雨节的当天，剑河、台江、施秉、镇远、三穗5个县的苗族群众都来平塘坡龙王洞参加祈雨活动，规模常在万人以上。祈雨祭祀活动在龙王洞双寺厅举行，由岑松镇巫门村主持。祭品是一只鸭、一壶酒和一些香纸，祭祀完后，苗族群众在坡上举行赛马、雀斗、踩芦笙等活动。据说，每次祭祀后必将降大雨，若不降雨，下一戊日又祭，有时连祭3个戊日，直至降雨为止。

此节日是为纪念巫门寨一位祈雨师而兴起的。过去，巫门寨有一寨老叫欧波你（亦说欧努金），因反抗苛捐杂税被县令关押，要处以重刑。时值大旱，田土龟裂，禾苗枯萎，百姓天天烧香求雨，官府忌惮苗民因此闹事，也非常着急。欧波你要求赦罪出狱求雨，官府应允，限他3天完成。欧波你出狱后，立即拿上述祭物去龙王洞双寺厅祈雨，果然当夜降了一场喜雨，百姓欢喜若狂，去平塘坡踩芦笙庆贺。后来一遇天旱，群众便去龙王洞祭祀，再去平塘坡踩芦笙、赛马等。年年相沿，形成一年一度的祈雨节。祈雨节的内容也扩大到青年游方、老年玩乐等内容。

剑河县岑松镇巫门村“祈雨节”活动现场远眺（新华社 2018 年 8 月 4 日发，杨文斌 摄）

剑河县岑松镇巫门村“祈雨节”活动现场近景（新华社 2018 年 8 月 4 日发，杨文斌 摄）

苗族同胞在祈雨节上跳芦笙舞（新华社 2018 年 8 月 4 日发，杨文斌 摄）

在中华民族的水崇拜观念中，雨是水崇拜最主要的对象之一。水是农业的命脉，在生产力相对落后、主要靠天吃饭的中国古代农耕社会，这个“天”或命脉主要指雨水，也就是说，原始农业的丰收在很大程度上是建立在风调雨顺的基础上。农业对水特别是雨水的过分倚重，使得中华民族对雨水的崇拜之情相当浓烈，由此衍生出了许多关于雨水崇拜的文化现象，祈雨节或活动就是其中一种重要的风俗活动。

祈雨，又叫求雨，是围绕着农业生产、祈禳丰收的巫术活动。在我国，早在殷商年代，祈雨活动就已风行。殷商卜辞中就有“今日雨，其自西来雨！其自东来雨！其自东南来雨！其自北来雨！其自南来雨”的记录，可看作是最早的祈雨咒文。祭祀祈雨是以牺牲、乐舞等来取悦神灵，求其降雨。以牺牲为祭祀是为了让神灵得到物质上的满足；以乐舞为祭祀是为了让神灵获得精神的享乐。古人认为，神灵从人间获得物质或精神享乐之后，便会反过来满足人们普降甘霖的要求。

我国对祈雨风俗开展了系统性保护与传承，有多种祭祀降雨风俗被列入非物质文化遗产目录，如广西彝族“祈雨节”在2014年列入第五批广西壮族自治区级非物质文化遗产代表性项目名录，丰都水龙祈雨习俗在2014年列入重庆市第四批非物质文化遗产项目，焦作青龙宫庙会及祈雨习俗在2009年列入河南省非物质文化遗产名录等。

5.4 潮神祭祀

“八月十八潮，壮观天下无。”农历八月十八日不仅是最佳的观潮日，还是传说中钱塘江潮神的诞辰。2014年，潮神祭祀列入第四批国家级非物质文化遗产名录。

浙江海宁每年都要在这一天举办祭祀潮神仪式，祈求“浙水安澜”“国泰民安”。海宁潮神祭祀寄托着民众祈福纳祥的美好愿望，充分体现了沿江百姓不畏艰险、抵御潮害、祈求国泰民安的强烈愿望，传承至今，绵延不绝。

钱塘江涌潮虽为天下奇观，却给沿江人民带来过深重的灾难。每到农历八月，其潮涌尤甚，也是潮患最厉害的时候。据史料记载，三国时期“太元元年八月朔大风，江海涌溢，平地水深八尺”，北宋政和三年“海岸崩毁，浸坏民居，自仁和之白石至盐官上管百有余里”。民间传说，这些潮患是潮神在作怪。

敬畏于海宁潮的巨大破坏力，当地百姓以忠臣良将、抗潮义士、筑塘功臣为原型，立庙祭祀潮神，祈求“海涛宁谧”。当地信仰的潮神主要是伍子胥，相传农历八月十八日是伍子胥伏剑之日，尸身被投入钱塘江中，他起怒潮以泄己怨，沿江人民定此日为“潮生日”，在江边设祭，以安冤魂。

历史上的潮神还有文种、霍光、钱镠等，基本是“神人同形”，都有着生动的人物个性与治潮抗灾的感人情节，并与海宁整个治潮史的各个阶段相呼应衔接，如采用石囤木桩法修筑海塘、改柴塘为石塘等。

潮神祭祀最初由沿江百姓积习成俗，一般以敬香祈祷为主，后来逐渐演变成祭神祈安、弄潮示勇的大型民俗活动。民间的潮神崇拜哺育催生了统治阶层的潮神祭祀。宋元明清时期，钱塘江海宁段海塘屡毁屡建，历朝历代政府都非常重视潮神祭祀活动，派高官到海宁盐官海塘主持祭祀典礼、宣读祭文或诏谕。民国《海宁州志稿》记载，清雍正七年（1729年）八月二十三日下诏“发内帑十万两于海宁县地方敕建海神之庙”祭祀潮神，并由太常寺颁定祭祀仪制，这是潮神祭祀仪式的最高峰。

潮神祭祀场景（一）

潮神祭祀场景（二）（引自：嘉兴市人民政府网站）

与海宁潮相处的漫长过程中，有关潮神的神话传说、沿江百姓的弄潮壮举、历代官民共同抗潮护堤的事迹、钱塘江沟通南北物流的盛况等，构成了当地深厚的历史人文精神积淀。

一方面，出于对海宁潮的敬畏，各种有关海宁潮的民间故事、传说、歌谣和谚语应运而生，《钱王射潮》《制龙王》《铁牛镇海》《观音借地》《造钱塘》等一系列极具代表性的潮神传说在海宁民间口耳相传。

另一方面，为抵御海潮侵袭，海宁先民形成了修建捍海塘的传统。到了清代，皇家特别关注钱塘江海塘的修筑。乾隆皇帝曾4次驻跸海宁陈阁老家。民间有很多传说，更实际的原因是海宁海塘的北面是宽阔的太湖平原，“太湖熟，天下足”，钱塘江影响着“天下粮仓”的稳固。

历经康熙、雍正、乾隆三代督造，鱼鳞石塘和海神庙等海塘水利工程和潮神祭祀场所得到了完善，并留下了雍乾父子治潮碑文和70多首咏潮诗词。

民国中后期，官方祭祀潮神仪式被迫中断，直到1994年，海宁市政府确定并恢复每年农历八月十八日在海神庙举行潮神祭祀仪式，传承保护了官方祭祀潮神的完整程式。至2020年累计举办了27届。历次观潮节庆典中均有大型民俗演出，将“水军操练”“渔子弄潮”“强弩射潮”“乾隆祭潮”等民间习俗内容以歌舞的形式在舞台上展演，演绎和再现历史上祭祀潮神的盛况。

5.5 钱塘观潮

钱塘观潮是浙江省历史悠久的传统民俗活动，始于汉魏时期，中秋佳节前后为观潮最佳时节。钱塘潮分为交叉潮、一线潮、回头潮。农历八月十八日的潮水最大。2020年5月，钱塘观潮入选首批“浙江文化印记”名单。

钱塘江涌潮为世界一大自然奇观，它是天体引力和地球自转的离心作用，加上杭州湾钱塘江喇叭口的特殊地形所造成的特大涌潮。杭州湾外宽内窄，外深内浅，是一个典型的喇叭状海湾。出海口江面宽达100公里，往西到澉浦，江面骤缩至20公里。到海宁盐官镇一带时，江面只有3公里宽。起潮时，宽深的湾口，一下子吞进大量海水，由于江面迅速收缩变窄变浅，夺路上涌的潮水来不及均匀上升，便都后浪推前浪，一浪更比一浪高。到大夹山附近，又遇水下巨大拦门沙坝，潮水一拥而上，掀起高耸惊人的巨涛，形成陡立的水墙，酿成初起的潮峰。“钱江潮”每日两潮，间隔约12小时，每天来潮往后推迟约45分钟，成规律的半月循环一周。潮头最高达3.5米，潮差可达9米。

虽然河流入海口为喇叭形的很多，但能形成涌潮的河口却只是少数。科学家经过研究认为，钱塘江涌潮的产生还与河流水流速度与潮波速度的比值有关，如果两者的速度相同或相近，势均力敌，就有利于涌潮的产生，如果两者的速度相差很远，虽有喇叭形河口，也不能形成涌潮。

距杭州湾55公里有一个叫大缺口的地方，是观看十字交叉潮的绝佳地点。由于长期的泥沙淤积，在江中形成一沙洲，将从杭州湾传来的潮波分成两股，即东潮和南潮，两股潮头在绕过沙洲后，就像两兄弟一样交叉相抱，形成变化多端、壮观异常的交叉潮，呈现出“海面雷霆聚，江心瀑布横”的壮观景象。两股潮在相碰的瞬间，激起一股水柱，高达数丈，浪花飞溅，惊心动魄。待到水柱落回江面，两股潮头已经呈十字形展现在江面上，并迅速向西奔驰。同时交叉点像雪崩似的迅速朝北转移，撞在顺直的海塘上，激起一团巨大的水花，跌落在塘顶上。

钱塘观潮（一）

钱塘观潮（二）

钱塘观潮（三）

钱塘江线潮（一）

钱塘江线潮（二）

钱塘江线潮（三）

除了大缺口的交叉潮之外，还有盐官一线潮。未见潮影，先闻潮声。耳边传来轰隆隆的巨响，江面仍是风平浪静。响声越来越大，犹如擂起万面战鼓，震耳欲聋。远处，雾蒙蒙的江面出现一条白线，迅速西移，犹如“素练横江，漫漫平沙起白虹”。再近，白线变成了一堵水墙，逐渐升高，“欲识潮头高几许，越山横在浪花中”。随着一堵白墙迅速向前推移，涌潮来到眼前，有万马奔腾之势，雷霆万钧之力，锐不可当。

一线潮并非只有盐官才有。凡江道顺直，没有沙洲的地方，潮头均呈一线，但都不如盐官好看。原因是盐官位与河槽宽度向上游急剧收缩之后的不远处，东、南两股潮交会后刚好成一直线，潮能集中，潮头特别高，通常为1~2米，有时可达3米以上。气势磅礴，潮景壮观。

从盐官逆流而上的潮水，将到达下一个观潮景点老盐仓。老盐仓的地理环境不同于盐官，盐官河道顺直，涌潮毫无阻挡向西挺进，而老盐仓的河道上，出于围垦和保护海塘的需要，建有一条长达660米的拦河丁坝，咆哮而来的潮水遇到障碍后将被反射折回。在那里潮水猛烈撞击对面的堤坝，然后以泰山压顶之势翻卷回头，落到西进的急流上，形成一排“雪山”，风驰电掣地向东回奔，声如狮吼，惊天动地，这就是回头潮。

观赏钱塘息秋潮，早在汉、魏、六朝时就已蔚成风气，至唐、宋时，此风更盛。农历八月十八日潮峰最高。南宋朝廷曾经规定，这一天在钱塘江上校阅水师，以后相沿成习，遂成为观潮节。北宋诗人潘阆《酒泉子·长忆观潮》中写道：

长忆观潮，满郭人争江上望。
来疑沧海尽成空，万面鼓声中。
弄潮儿向涛头立，手把红旗旗不湿。
别来几向梦中看，梦觉尚心寒。

这首诗便是当年“弄潮”与“观潮”活动的真实写照。

5.6 巴寨朝水节

巴寨朝水节是整个甘南藏族自治州舟曲县民间保存较完整，且内容丰富、形式多样、风格各异、古朴自然，原生态文化风味浓郁的藏民族民间民俗文化之一，2011年列入甘肃省第三批非物质文化遗产名录。

每年农历五月初五日举行的朝水节是舟曲藏族独特的传统节日，是当地人适应自然环境的产物，体现了人与自然、人与人、人与社会之间的多层次互动，同时也是对当地藏族文化的一次集中表演，加强了藏汉民族之间的族际交流，共同构筑了舟曲的地方文化。

“煨桑”是藏民族特有的传统民间风俗，有着古老历史和深厚的文化内涵。在整个藏族地区，无论是祈愿祝福还是庆贺丰收都离不开“煨桑”，特别是每逢节日之际，“煨桑”便成为节日的重要仪式之一。如果说“煨桑”只是序幕，那么朝水节的脚步就不会远了。

从“昂让”雪山百米高的悬崖石孔中喷涌而出的一帘瀑布和崖下十几眼清泉被当地群众称为“曲纱”圣水。传说端午节这天，天神在“曲纱”圣水中撒有仙药，沐浴和饮用此水，能医治百病，净化身心，消灾避难。

巴寨朝水节东乐舞表演（引自：舟曲县人民政府官网）

巴寨朝水节朝拜“曲纱”（一）
（引自：舟曲县人民政府官网）

巴寨朝水节接“圣水”
（引自：中广网兰州 2010 年 6 月 17 日消息，后俊 摄）

朝水节这天，当地的男男女女成群结队，欢歌笑语，穿山越涧，过密林，走竹径，攀到昂让山上崖孔中飞泻而出的瀑布下，鸣枪放炮、“煨桑”祈祷，在“曲纱”瀑布中淋浴，大声歌唱。在“曲纱”飘落的山脚处，还有十几眼泉水，汩汩流淌，先民们分别为他们命名为明目泉、健身泉、长寿泉、聪明泉等。

“朝水”后，人们带着给亲友的“曲纱”圣水沿着林间小道下山，各路歌手一路相互敬酒，对歌献艺。身着节日盛装的藏族妇女们在野外手拉着手尽情地跳起“乐乐舞”，歌颂大自然、神灵和美好幸福的生活。男子们则由长者持矛领头，列成长队，吆喝呼应，摆出威武的“龙阵”，尽情地展示着山里人的粗犷与豪放。夜幕降临后举行篝火晚会，男女老少尽情地唱歌跳舞，将节日的狂欢气氛推向高潮。

每年农历五月初四日是当地群众朝拜“曲纱”的日子，初五日是前、后山群众朝拜“曲纱”的日子。

“朝水节”根植于舟曲县巴寨沟藏族人民群众的文化传统和文化历史之中，它用优美的歌声歌颂团结、祥和、幸福的生活，以其独特而浓郁的藏民俗文化特色，越来越受到游客青睐，目前，已成为旅游经济资源开发的新亮点。

巴寨朝水节朝拜“曲纱”（二）
（引自：舟曲县人民政府官网）

5.7　青海湖祭海

青海湖祭海，是青海省海北藏族自治州传统民俗，2008年列入第二批国家级非物质文化遗产名录。

祭祀青海湖的历史最早可追溯到汉代，唐天宝十年（751年）正月唐玄宗在敕封东南西北四位海神时，将西海海神封为广润公并遣使礼祭，青海湖祭海活动由此延续下来。

大规模祭海活动始于清代，在湖边立碑，并筑碑亭，派官员祭祀。据传，雍正二年（1724年），青海蒙古族首领丹津反清叛乱，胁迫众台吉造反，侵占骚扰青海各地，大将军年羹尧带领部队平乱。大军饮水不够，恰在青海湖附近发现泉眼，年羹尧称其为神灵保佑。雍正皇帝听闻后，诏封“灵显宣威青海湖”，御赐神位，安放到海神庙内，并诏每年定期祭海，从此便开始大规模祭海活动。

青海湖祭海祭台

青海湖祭海于每年的农历七月十五日举行。每年农历四月二十日左右，寺僧开始在祭海台搭建临时经堂，诵经十余日。农历七月十五日环湖地区及周边农牧民群众都来参加祭海活动，届时在海滨搭建煨桑台，点燃松柏枝，由喇嘛诵经，藏、蒙古等族群众投献哈达、白酒、五色粮食、酥油炒面等祭品，向空中抛洒纸风马“隆达”。祭献完毕，法师手持五色丝线缠裹的五谷包，率领手持各种法器的喇嘛仪仗队及吹着藏唢呐和法号，头戴鹿首、牛首面具的鹿神、牛神和其他地方神涌向湖岸。法师站在岸边朝着湖水念诵咒语，祭祀者则向湖中投掷祭物，表示对海神的崇拜，同时祈祷海神保佑众生幸福、国泰民安。

祭海第一步，便是“煨桑”。在湖四周的圣台上，点燃茶叶、青稞炒面、酥油、松枝混合物，“煨桑”敬奉神仙。在“煨桑”同时，所有参加祭海的人都要顺时针地绕着桑台转3圈。一时间，法号齐鸣、风马纷撒，祈祷来年五谷丰登，天下太平。

“煨桑”结束后，来自各个寺院的活佛都要上祭祀台颂经，请求青海湖的神灵降福众生。接着带领祭海的人群向空中抛撒五色风马纸片，并向炉中倾倒食物。诵经完毕，进入祭海的高潮——给湖神敬献礼物。

祭品中，最重要的一种就是五谷包（也称为宝瓶）。这个五谷包里面装的是五色粮食：青稞、小麦、豌豆、玉米、蚕豆。同时还将珊瑚、蜜蜡、玛瑙等碾成粉后和这五谷混合在一起，最后放入经幡，由活佛加持系带。这个时候，手捧五谷包等各种祭祀品的喇嘛和信众在活佛的带领下，浩浩荡荡向湖边奔去。

海神庙

到了湖边，先由活佛诵经作法事，众喇嘛、信徒高举着祭品簇拥在活佛身后，得到活佛指令后，大家纷纷将祭品抛向湖中。

祭海仪式后，在湖边举行赛马、赛牛、射箭等体育活动和跳神、佐斗候、桑德舞、吉祥鹿舞等表演。

青海湖祭海保留了相当完整的传统民俗，“祭海”意在祭祀湖神，奉拜天父地母，保佑万物生灵永续繁衍，百姓生活幸福安康。其中的祭词、经文和传统体育比赛等内容具有较高的宗教学、民族学研究价值，是研究中国古老民族发展演变历史的宝贵资料。祭海的时间通常以农历七月十五日为中心，地点并不固定，最主要的便是青海湖。每年，当地藏族群众都会来到湖边，用自己的方式祭海，祈求人畜兴旺、风调雨顺、五谷丰登。

参考文献

[1] 河南省文物局 . 河南文物工作第五批文物保护单位专辑 [M]. 郑州：河南省文物局，2008.

[2] 《全国重点文物保护单位》编辑委员会编 . 全国重点文物保护单位（第一批至第五批）（全三卷）[M]. 北京：文物出版社，2004.

[3] 中国社会科学院考古研究所文化遗产保护研究中心 . 文化遗产研究 [M]. 北京：科学出版社，2010.

[4] 宋俊华 . 非物质文化遗产保护研究 [M]. 广州：中山大学出版社，2013.

[5] 保冬妮 . 中国非物质文化遗产图书大系（4 册套装）[M]. 济南：明天出版社，2020.

[6] 丁虹 . 非物质文化遗产数字化研究 [M]. 昆明：云南美术出版社，2021.

[7] 色音 . 中国少数民族非物质文化遗产调查研究 [M]. 北京：北京知识产权出版社，2019.

[8] 冯骥才 . 中国非物质文化遗产百科全书 [M]. 北京：中国文联出版社，2015.

[9] 靳怀堵 . 追寻大禹的足迹 [M]. 武汉：长江文艺出版社，2008.

[10] 刘敏 . 山西省非物质文化遗产旅游研究 [M]. 北京：中国石化出版社，2020.

[11] 蔡丰明 . 中国非物质文化遗产资源图谱研究 [M]. 上海：上海社会科学出版社，2017.

[12] 张跃 . 泼水节 [M]. 合肥：安徽人民出版社，2018.

[13] 曾应枫，陆穗岗 . 赛龙夺锦：广州龙舟节 [M]. 广州：广东教育出版社，2010.

[14] 徐建春 . 杭州全书 . 钱塘江丛书：钱塘江风光 [M]. 杭州：杭州出版社，2013.

[15] 刘巨德 . 中国名家经典原创图画书乐读本：泼水节 [M]. 北京：清华大学出版社，2018.

[16] 王伟章 . 一万字读懂青海湖祭海（上）[N]. 海东：海东日报，2022.

[17] 周郁斌 . 海宁潮神祭祀 . 浙江省非物质文化遗产代表作丛书 [M]. 杭州：浙江摄影出版社，2019.

[18] 焦俊华 . 中国古塔 [M]. 北京：中国文化出版社，2020.

[19] 罗哲文 . 中国名塔：集中华古代名塔之大成 [M]. 济南：百花文艺出版社，2020.

[20] 张驭 . 中国古塔精萃 [M]. 北京：科学出版社，1988.

[21] 罗哲文 . 中国古塔 [M]. 北京：人民出版社，中国青年出版社，上海人民出版社，1985.

[22] 乔志霞 . 中国古代寺庙 [M]. 北京：中国商业出版社，2015.

[23] 谢宇 . 中国古代寺庙堪舆考 [M]. 北京：华龄出版社，2013.

[24] 余桂元 . 中国读本中国著名的寺庙宫观与教堂 [M]. 北京：中国国际广播出版社，2011.

[25] 涂师平 . 中国水文化遗产考略 [M]. 宁波：宁波出版社，2021.

[26] 王英华 . 水工建筑物 [M]. 北京：中国水利水电出版社，2004.

[27] 史鸿文 . 图说水与风俗礼仪 [M]. 北京：中国水利水电出版社，2015.

[28] 王瑞平 . 水与民风民俗 [M]. 北京：中国水利水电出版社，2015.

[29] 李亮 . 趣谈中华水文化 [M]. 北京：科学普及出版社，2018.

[30] 贾兵强 . 图说治水与中华文明 [M]. 北京：中国水利水电出版社，2015.